在世界尽头遇见自己

未来的你，是否会遇憾今天走过的路

武彬 著

时代出版传媒股份有限公司
安徽文艺出版社

图书在版编目（CIP）数据

在世界尽头遇见自己：未来的你，是否会遗憾今天走过的路 / 武彬著；—合肥：安徽文艺出版社，2016.6
　　ISBN 978-7-5396-5678-6

Ⅰ.①在… Ⅱ.①武… Ⅲ.①人生哲学－通俗读物 Ⅳ.①B821-49

中国版本图书馆CIP数据核字（2016）第024557号

出 版 人：朱寒冬		策　　划：武　晶	
责任编辑：姜婧婧		装帧设计：金刚创意	

出版发行　时代出版传媒股份有限公司　www.press-mart.com
　　　　　　安徽文艺出版社　www.awpub.com
地　　址　合肥市翡翠路1118号　邮政编码：230071
营 销 部　(0551)63533889
印　　制　北京毅峰迅捷印刷有限公司　(010)85981657

开本：889×1194　1/32　印张：8　字数：200千字
版次：2016年6月第1版　2016年6月第1次印刷
定价：32.80元

（如发现印装质量问题，影响阅读，请与出版社联系调换）
版权所有，侵权必究

再渺小的梦想,终究有一天也会变成参天巨树,伫立在最高的地方。

序 言

当眼前的浮云遮挡住了我们锐利的目光,当弥漫的阴霾吞噬了我们的心灵,当我们在急功近利的年代迷失了自我,又是什么能让我们追逐梦想,渴望成功,坚持自我,看淡得失?

伟大的戏剧家歌德曾经说过:"人生重要的事情就是确定一个伟大的梦想,并决心实现它。"

生命中,我们每个人都拥有过梦想。梦想是青春的种子,汲取着生命中那一缕缕温暖的阳光,在我们的心中生根发芽。梦想是助推的火焰,喷薄着熊熊燃烧的斗志,释放着炽热的激情,让我们一路上不知疲倦，勇往直前，充满能量。

然而人生难免经历风雨，人生难免受到挫折。在追逐梦想的路上，我们盲目过、我们困惑过、我们跌倒过、我们失落过……有的人梦想破灭，到头来成了一枕黄粱，最后只能将梦想尘封在自己美好的记忆中；有的人梦想成真，站在了成功的舞台上，最终如愿以偿。其实，这其中的差别只在于每个人是否能一直守护着自己心中的梦想。

再渺小的梦想，终究有一天也会变成参天巨树，伫立在最高的地方。只有通过自己不懈地努力来主宰自己的命运，只有用我们的坚持来实现自己梦想中的精彩人生。

唤醒尘封的梦想，感悟精彩的人生。本书以唤醒梦想、敞开内心、学会选择、拒绝浮躁、通向成功的要素这五个篇章为主要内容，整合汇编古今中外蕴含人生哲理的名人故事，简约而鲜明地阐述了经营梦想，通往成功的人生智慧。

我们不妨借助本书打开内心的门窗，积极调整自己，迎接这个变幻莫测而又异彩纷呈的世界。或许，下一个拥抱成功、改变世界的人不是别人，就是你。

第一章

浇灌自己心中的梦想

点燃引擎,释放梦想的能量 /003

为自己心中的梦想点赞 /008

再小的幼苗,终究有成为参天大树的潜力 /012

做自己的粉丝,让别人追随你的潮流 /017

热爱工作,规划自己的梦想 /027

用特长支撑自己的梦想 /035

青春的梦想,就应该与众不同 /041

第二章
打开内心的门窗，迎接多元的世界

放下内心的成见，从改变自己做起 /047

笑一笑，让人生迎接幸福收获 /056

勇敢前进，人生没有蹚不过去的河 /063

固化的思想是创新最大的敌人 /069

心胸越宽广，视野才能越开阔 /075

放下自己的犹豫，在适当的时候要善于决断 /085

善于在工作中散发自己的气场 /090

第三章
学会选择，定制专属人生

人生不能同时迈入多个门槛，选择很重要 /097

理清目标再去做，人生才能更有意义 /103

选择自己擅长的事物，成功才能事半功倍 /107

争取身边的每一次机会，把握选择的主动权 /112

审视自己的选择，追随着光明的道路走下去 /115

做事分清主次，才能让自己后顾无忧 /119

坚持自己的路，就会有属于自己的天地 /127

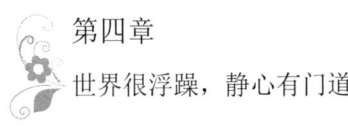

第四章
世界很浮躁，静心有门道

盲目跟风的结果，就是找不到自己 /137

心态放平和，眼界才能更开阔 /142

做事情心中要有几分定力 /151

要经得住诱惑，才能收获更多 /157

得与失要看得浪漫些 /164

专注才能做得更专业 /173

心怀感恩，世界原本就很美好 /181

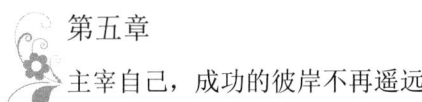

第五章
主宰自己，成功的彼岸不再遥远

靠学习来培养自己的内功 /191

自信，是一件万能的武器 /200

用自己的信念，感染你的世界 /209

把握自己的机遇，你原本就很优秀 /217

拥有勇气去面对所有的挑战 /223

成功的天平上，不能少了积极做砝码 /232

成功没有"外挂"一切都要靠自己 /239

第一章
浇灌自己心中的梦想

梦想,像一颗稚嫩的种子,在自己精心地呵护和浇灌中悄然萌发。

有的梦想在我们的生命中宛如昙花一现,虽然不能长久却让我们终生不忘;有的梦想最终开花结果,让我们品味到了收获的喜悦。有的梦想枯萎了,有的梦想凋谢了,这不要紧,重在我们体验了培育梦想的乐趣,享受了灌溉梦想的历程。并且,我们需要始终相信,梦想终究会灿烂绽放,明天依然充满新的希望。

◎

梦想不是一成不变的,人的一生又何尝不是跌宕起伏的?生活中,我们难免遇到磕磕碰碰,历经许多磨难才有可能最终修成正果。没有人生下来就注定只能干什么,你的人生改变是由你来决定的。拥有一个梦想,是你人生改变的开始;但坚持梦想,却是你改变人生的永恒动力。

点燃引擎,
释放梦想的能量

当梦想不停地萦绕在心头,我们将点燃自己的动力,爆发出惊人的能量。

梦想就像吗啡可以上瘾,让你亢奋、让你坚持不懈,不知疲倦地燃烧自己的斗志。就让梦想充斥着我们的内心,为我们指明方向,让我们一路高歌、斗志昂扬。

戴尔·卡耐基曾经说过:"每一个人都应该努力根据自己的特点来设计,量力而行。根据自己的环境、条件、素质、兴趣等,确定实现梦想的方向。"所以,在工作和生活中,我们找到自己的梦想,点燃梦想的引擎,向着奋斗的目标全速冲刺。

拼搏在实现梦想的路上,很多人在遇到困难的时刻总是选择了放弃,这是非常错误的做法。一个坚强的人应该敢于直面生命中的苦难,为了达成目标而勇往直前,一如既往地向着梦想的大门前行,永远地坚持下去。

这是一个发生在古希腊的故事:

开学第一天,大哲学家苏格拉底对他的学生说:今天咱们只学一件最简单也最容易做的事。每人把胳膊尽量往前甩。说着,苏格拉底示范了一遍,并亲切地问道:从今天开始,每天做300下,大家能做到吗?学生们都笑了,这么简单的事,有什么做不到的!过了一个月,苏格拉底问学生们:每天甩300下,哪些同学做到了呢?有百分之九十的同学骄傲地举起了手。又过了一个月,苏格拉底又问,这回,坚持下来的学生只剩下百分之八十。大概过了一年,苏格拉底再一次问大家:请告诉我,最简单的甩手运动,还有哪些同学坚持了?这时,整个教室里,只有一人举起了手。

他就是后来成为古希腊另一位大哲学家的柏拉图。柏拉图的成功就在于他有恒心、有毅力,做到了别人没有坚持去做的事。在这个世界上,谁坚持了,谁就能成为成功者,谁半途放弃,谁就将以失败而告终。

这个故事告诉我们，即使一个人的梦想再美好，再伟大，要想获得成功，也一定要具有不轻言放弃、坚持不懈地追逐梦想的精神。

做一个拥有梦想、点燃梦想引擎的人并不难，难得的是要用坚持不懈的毅力和持之以恒的精神去拼搏，让自己的梦想成为现实。在我们的生活和工作中，绝大部分人都因为遇到困难，害怕吃苦而没有去坚持自己的梦想。真正能实现梦想的人并不是比别人天资聪颖、头脑灵活，而是他们能够坚持为自己的梦想去努力、去奋斗，最终实现了自己的梦想，获得了成功。

有这样一个孩子，相貌丑陋，说话口吃，而且因为疾病导致左脸局部麻痹、嘴角畸形、一只耳朵失聪，他的母亲为此陷入深深的痛苦之中："一个来到世界上没几年的孩子，就要忍受不幸命运的折磨，他以后怎样才能够生活下去呢？"但她除了对孩子倍加爱护之外，还能做什么呢？然而，也许这个孩子注定要成为生活的强者，他比一般的孩子更快地走向成熟。他默默地忍受着别的孩子嘲笑、讥讽的话语和目光，他自卑，但更有奋发图强的意志。当别的孩子在玩具中打发时间时，他则沉浸在书本中，在他读的书中有很大一部分是成人读物，他却读得津津有味，因为他从中学到了坚强，学到了一种永不放弃的品质。为了矫正自己的口吃，他模仿古代一位有名的演说家，嘴里含着小石子讲话。看着嘴唇和舌头都被石子磨烂的儿子，母亲心疼地流着眼泪说："不要练了，妈妈一辈子陪着你。"懂事的他替妈妈擦着眼泪说："妈妈，书上说，每一只漂亮的蝴蝶，都是自己冲破束缚它的茧之后才变成的。如果别人把茧剪开一道口，由这样的茧变成的蝴蝶是不美丽的。我要做一只美丽的蝴蝶。"

后来，他能够非常流利地讲话了。因为他的勤奋和善良，中学毕业时，他不仅取得了优异的成绩，还获得了良好的人缘，他周围的人，没有谁会嘲笑他，有的只是对他的敬佩和尊重。这时，他母亲为他找到了一份不错的工作，她希望自己的儿子尽量顺利些。但他同样对母亲说："妈妈，我要做一只美丽的蝴蝶。"

1993年10月，博学多才、颇有建树的他参加总理竞选，他的对手居心叵测地利用电视广告夸张他的脸部缺陷，然后写上这样的广告词："你要这样的人来当你的总理吗？"但是，这种极不道德的、带有人格侮辱的攻击招致了大部分选民的愤怒和谴责。当他的成长经历被人们知道后，他赢得了极大的同情和尊敬，他提出的"我要带领国家和人民成为一只美丽的蝴蝶"的竞选口号，使他高票当选为总理，并在1997年的竞选中再次获胜，连任总理。人们亲切地称他为"蝴蝶总理"，他，就是加拿大第一位连任两届、跨世纪的总理让·克雷蒂安。

这个原本有些笨拙的孩子为什么能够取得惊人的成功呢？是因为他具有永不放弃的精神，不论遇到什么样的艰难险阻都能够向着自己的目标勇敢前进；是因为他能够自始至终地坚守自己的梦想，并且不会因为任何事情而改变初衷。

中国有句古话：三百六十行，行行出状元。无论你身在哪个行业，做什么工作，在自己的工作中找到自己的梦想十分重要。

想在工作中实现自己的梦想吗？那就踏踏实实地为梦想努力吧。有这样一首诗："成功的花，人们只惊慕她出现时的明艳，当初她的芽儿，浸透了牺牲的血雨，洒遍了奋斗的泪泉。"多劳多得，少劳少得，不劳不得，这是对按劳分配的描述。

热爱自己的工作，并在这份工作中找到自己的梦想，你就会在工作中找到乐趣，在工作中忘记辛劳，得到欢愉，从而也就找到了通向成功之路的秘诀。

为自己心中的梦想点赞

伟大的戏剧家歌德曾经说过:"人生重要的事情就是确定一个伟大的梦想,并决心实现它。"

有人或许会说,谁还没个梦想?的确如此,每个人都有过梦想,有的人成功地实现了自己的梦想,而有的人的梦想却终究成为黄粱一梦。这其中有什么缘由呢?

有句话说得好,不能坚持梦想的人"常立志",能坚持自己梦想的人"立长志"。而"立长志"的人,不言而喻,他们坚持了自己的梦想,并且做到了为自己心中的梦想点赞。愚公移山的故事就是这样,想必大家都听过。

很久以前,有一位老伯伯叫愚公。愚公的家门口有两座很高的山,一座叫太行山,另一座叫王屋山。两座山正好挡在愚公家的门口,让愚公每天进出家里都要绕很远的路。

有一天愚公突然在心中产生了一个梦想,他要把横在家门口的两座大山搬走!第二天,愚公就带着他的儿子、孙子,三个人一起扛着锄头,挑着扁担,到山边开始挖。愚公的邻居,一个叫作智叟的老先生,忍不住嘲笑他们说:"愚公呀!你实在太糊涂了。你这么老了,就算让你搬到你死掉的那一天,也不可能把大山移开的!"

愚公听了他的话,笑笑说:"你才糊涂呢!我虽然老了,我还有儿子可以继续去做呀。儿子还会生孙子,孙子还会再生儿子,我们的子子孙孙可以一直搬下去,总有一天我们会把这两座山搬走。天底下哪儿有不能克服的困难呢?"智叟没有话好说,只好走开了。

后来,天神知道愚公要移山的恒心,就派了两个神仙去把王屋山与太行山背走,放到别的地方去,不再挡在愚公家门口了。

愚公移山的故事说明了一个道理,只要心中有梦想就要自己给自己点赞,坚持自己的梦想,无论多大的困难都一定能克服!

人生百年如白驹过隙,一辈子能拥有几个梦想,为什么不为自己的梦想点赞？为什么不该为自己的梦想好好拼搏一回呢？

有这样一个故事。

查理·斯瓦布是一个小时候生活在宾夕法尼亚的山村里的孩子，那里的环境非常贫苦，而他也只受过几年教育而已。

初中时，有一次老师让全班同学写一篇题目为"长大后的志愿"的作文。

当天晚上，他洋洋洒洒地写了7张纸，描述他的伟大志愿，那就是想拥有一座属于自己的牧马农场，并且仔细画了一张200亩农场的设计图，上面标有马厩、跑道等的位置，然后在这一大片农场中央，还要建造一栋占地400平方英尺的巨宅。

这个小男孩花了好大心血把报告完成，第二天交给了老师。两天后他拿回后，并没有得到很好的结果，在第一面上打了一个又红又大的F，旁边还写了一行字："下课后来见我。"

脑中充满幻想的他，下课后带了报告就去问老师："为什么给我不及格？"

老师回答道："你年纪轻轻，不要老做白日梦。你没钱，没家庭背景，什么都没有。盖座农场可是个花钱的大工程，你要花钱买地、花钱买纯种马匹、花钱照顾它们。"他接着又说，"如果你重写一个比较靠谱的志愿，我会给你打一个你想要的分数。"

这男孩回家后，反复思量了好几次，又征求父亲的意见。父亲只是告诉他："儿子，这是非常重要的决定，这必须由你自己拿主意。"

经过再三考虑后，他还是决定原稿交回，一个字都不改，他告诉老师："即使拿个不及格，我也不会放弃这个梦想的。"

20多年后，这位老师带领他的30个学生来到那个曾被他指责的男孩的农场露营一星期。离开之前，他对这个如今已是农场主人的男孩说："说来也有些惭愧。曾在你读初中时，我泼过你冷水。这些年来，也对不少学生说过这样的话。幸亏你凭着自己的毅力坚持着自己的目标。"

一个有梦想的人从孩童时代在内心深处激发出的梦想，并乐意坚持不懈为之付出努力，那么几乎没有什么事情是做不成的。无论你目前的地位多卑微，别让世俗剥夺了你的远见，别让流言蜚语剥夺了你为了梦想去奋斗的动力，为自己的梦想点赞，早晚有一天，成功就会向你敞开怀抱。

**再小的幼苗,
终究有成为参天大树的潜力**

中国有句古话:"仓廪实而知礼节"。为了生计人们疲于奔命,基本目标还是口中的面包。说到梦想,大多数人会觉得它距离实际生活太过遥远,充满虚幻色彩,又不能填饱肚子,还是乖乖做些力所能及的事比较实际些。对于他们来说梦想只是美丽的泡沫。

但是如果把梦想当成种子呢?梦想如种子,从它种入心田的那一刻起,它就深深地扎根,只要细心呵护,再渺小的种子终究还是会有长成参天大树的可能。

1915年的夏天，在德国一个叫赫尔佐格的小镇上，一个十五六岁的小男孩一只手拿着一只鞋，光着脚板飞快地在街上跑着，穿过了几条街，终于在一家小洗衣店门前停了下来。他大踏步地走进去，一个体态微胖、看起来和蔼可亲的中年妇女正蹲在地上洗衣。

"妈妈，爸爸在吗？"男孩焦急地询问中年妇女。

"在院子里晾衣服呢。发生什么事了，孩子？"

"我要让爸爸教我做鞋子。"男孩说着急匆匆地进了院子，"爸爸，您教我做鞋吧。"

"学那个做什么，外面整天在打仗，鞋厂都倒闭了，你没看见我都失业回来帮你妈妈洗衣服了吗？"父亲克利斯多夫脸上笼罩着厚厚的一层愁云。

"可是我想做一双既轻快又耐磨的运动鞋，可以尽我所能地奔跑，而不必担心鞋的问题，而不是像这样的鞋。"男孩把手里的鞋拿给父亲看，"刚才就因为我总想着这鞋帮要掉了，所以赛跑的时候输给了卡尔。"

"要是子弹就要打到你的脑门上，你们只会想着谁逃命更快，谁还会去穿鞋？现在面包比鞋更重要，毕竟什么时候人都不能挨饿，你还是去学做面包吧。"

于是中学毕业后，男孩成了一间面包房的学徒。每天深夜一点半，他都要一溜小跑,沿着一条100米左右的鹅卵石路,到一间名叫威斯的面包房上工。工作是简单重复的:生火、揉面、切面、把面团放进火热的烤炉,在破晓时分,再把刚出炉的新鲜面包送到镇上各销售点,然后回到威斯,打扫、冲洗、劈柴火。劳作18小时,晚上8点收工,工作既枯燥又辛苦。每天一回到家,他就倒在床上立马睡着了。

然而,男孩的精力好像永不枯竭。平时虽然非常劳累,但每个星期天都是他的天堂,他把这唯一的休息日安排得满满的,尽情地跟朋友们去户外参加各种体育活动,心里还惦记着要做双一级棒的运动鞋。他像陀螺一样,有无限的动力,似乎永远不会停止。

然而,就像父亲克利斯多夫说的那样,太平的日子不会太久。不久,男孩应征入伍,经过短期军事训练之后,被送往比利时前线。战争持续了两年,以德国失败告终。1919年,男孩才终于回到了更萧条、更贫困的家乡。

男孩不想再做面包了,经过一番思量,他最终还是选择了制鞋——这是他挥之不去的一个梦想。他说服了父亲当自己的师傅,带着梦想启程了。

起初,他对制鞋一窍不通,但是凭着努力与悟性,他的手艺很快就超过了师傅,掌握了所有制鞋工艺,甚至不那么容易操作的复杂机器都在他手下服服帖帖，不管什么样的制鞋材料到他手里都能物尽其用。他做的鞋子很受镇上人们的欢迎，人们甚至不去买鞋厂生产的鞋，专门来他这里定做，特别是运动鞋。生意渐渐忙不过来了，男孩想，不如自己开一家鞋厂。

万事开头难，他首先要面临的三大难题是：制鞋材料、厂房和工人。为了寻找最佳的制鞋材料，他几乎跑遍了全国，有时候骑自行车，有时候坐火车。每次旅行总是满载而归——大包、小包各种各样的制鞋材料。为了尽快投入生产，他说服母亲把小洗衣店的铺面让出来放设备。当时的设备很简陋，工人也只有三个。但就是在这种条件下，没过多久，男孩设计的第一款真正意义上的运动鞋诞生了——一双帆布帮、黄皮底的运动鞋，采用了铁匠提供的铁钉。很快，这种运动鞋就流行起来，生意越做越红火。男孩又多雇了两个工人，并请姐姐负责收拾鞋子，又在洗衣房墙上开了个门，扩大生产空间。

随着生产的发展，男孩的哥哥也加盟进来。哥哥很有商业头脑，负责经营销售，他则抓生产，兄弟俩办厂有方，生意自然蒸蒸日上。

1936年，德国柏林奥运会前夕，男孩找到美国著名的短跑运动员杰西·欧文斯，希望他能穿上自己设计的钉鞋参加比赛，并向他保证钉鞋对比赛肯定大有帮助，但当时被欧文斯拒绝了。于是,男孩又建议他可以在赛前训练中试穿。结果,使用效果使欧文斯如获至宝,并在正式比赛中使用了男孩设计的钉鞋。那届奥运会欧文斯连夺四块金牌,震惊了世界。欧文斯的成绩令观众席上的阿道夫·希特勒大为恼火。由于全世界对纳粹德国的一致痛恨,欧文斯穿着男孩设计的跑鞋的夺冠照片在世界各国广为流传。欧文斯连连夸奖这款跑鞋,让大家认准这个品牌——adidas。

这个男孩就是阿迪达斯的创始人——阿道夫·达斯勒。

当初,这个小男孩只是怀揣着"做一双可以尽你所能奔跑的好鞋"的梦想,至今他所创办的阿迪达斯成功入选全球可持续发展百强企业。一个稚嫩的梦想最终变成了伟大的神话。这一切似乎都是为了告诉我们——梦想,你要精心呵护,不畏艰辛,曾经在心中虚幻的一切,有朝一日会成为真实的成果摆在你的面前。因为有了梦想,就可以让一切成为可能。

做自己的粉丝，让别人追随你的潮流

当今社会，我们会发现不同的人华丽登场，跻身各个领域引领潮流。在这种大环境下，无数的人成了别人的粉丝。成为别人的粉丝这无可厚非，每个人都有自己崇拜的偶像和追逐目标。但是迷失自己的本色却成了非常可怕的事。马克斯韦尔·莫尔兹说过："无论何时，只要可能，你都应'模仿'你自己，成为你自己。"

换个思路想想，如果自己愿意保持自己的本色，无论怎样，你终究会拥有属于自己的粉丝。哪怕自己的粉丝只有自己，这也是坚持自我，保持本色的体现。

保持本色的人是智者，坚持自我的人是英雄。保持本色，是永远朝前看而不左顾右盼；保持本色，给自己的心中升起个太阳，让自己充满信心地去迎接挑战；保持本色，是坦然地面对世界，走出一条适合自己的独特的人生之路！保持自己的本色，做自己最忠实的粉丝，朝自己的真实想法去做，不盲目追赶别人的脚步，我们要坚信，自己也可以引领潮流。

为什么说做别人的粉丝，永远也追不上潮流呢？一味地模仿别人，一味地遮掩或抑制自己的本色，其实是在毁灭自己。保持了自己的本色，你就会更加喜欢自己。在某种程度上说，自己喜欢自己的程度等同于自我认同的程度。

做自己的粉丝是自我认同的体现，是每个人都应该具备的生活态度。如果你觉得自己是优秀的，那么你在某方面就是优秀的；你认为自己是富有的，那么你在某方面就是富有的。因为喜欢不是别人可以强加给你的，也是没办法量化的，它是自己内心的一种感觉，只有你自己才能给予自己。只有喜欢自己，才会自我暗示，告诉自己是有能力的、有实力的、有信心的，才会有勇气面对严峻的现实；只有喜欢自己，才会设立自我理想、注重自我形象、实现自我价值，从而形成积极的、正面的自我观念。只有喜欢自己，才会爱自己，从而觉得活着是有意义的，哪怕是一件小小的事情，对自己的生命也是有意义的，才能够实现自己的人生价值。

每个人喜欢自己的程度越高，其境界也就越高，树立的目标也越高。所以我们不能逃避自己、厌恶自己，而是要感谢生命为你带来的一切，保持自我本色，欣赏自己、挑战自己。

但在现实生活中，却有许多人，由于胆小、害怕等种种原因扮演着一个连他们自己都不认识的陌生人。这些人过着自己不喜欢的生活，每天戴着面具生活，忙的时候就像陀螺，一旦停下来，就会觉得空虚，不知道自己生活目的是什么。他们是一群丢失自我本色，为着别人而活的人。对于这样的人而言，生活就像在演戏，累人累己，从来没有幸福和快乐。

要想保持自己的本色，必须正确地认识自己，了解自己，尊重自己的感受，信任自己的能力，喜欢并爱护自己。可能你没有漂亮的外表，没有特殊的才能，没有显赫的背景，但你应该明白，你要做的不是别人，而是要做真正的自己，别怕与他人不一样，也不用看他人的眼色去生活。你的人生使命不是模仿别人，你要成为独一无二的自己。每个人都有自己的独特之处，你必须发现自己的特点和优势，然后利用它们，找到适合自己的前进方向，寻求自我的突破。事实上，保持自己的本色，是一种勇敢，这样的人才会受到大家的喜爱。

因为在这个世界上,每个人都有自己的特点,没有必要去苛求所有的人都按一种模式发展。假如说每个人都要去模仿自己心中的偶像,那么,这个世界还有什么意义和乐趣可言呢?

太阳是因为敢于保持本色,才不会因为乌云的遮挡而失去自己的光芒;河流是因为敢于保持本色,才不会因道路的曲折而偏离向大海的方向;我们也只有敢于保持自我本色,才不会因为大千世界中形形色色的变化而迷失自我。

正因为有了很多的不同,才有了大千世界的美丽,才有了宇宙的神秘。人也是一样,每个人都有自己的特长,并充分地发挥出来,才有了社会的多姿多彩。所以我们不能小看自己,也许你的物质生活没有他人好,或许你的开心、你的快乐正是很多富人所羡慕的。坚持自我,保持本色才是最重要的,有了这些,总有一天,你会收获自己的幸福,获得属于自己的成功。

而那些总喜欢跟着他人脚步行走,别人找什么样的工作,获得了一些成绩,他就跟着别人去学;别人干什么样的事业,他就认为这一定很有前途,就去学别人。殊不知,别人的特点和优势与自己是不同的,别人的成功不一定适合自己,只有开发属于自己的能力,开拓适合自己的道路,才可能成功!

著名成功学大师卡耐基告诉我们:"一般人的心智能力使用率不超过10%,大部分人不太了解自己还有什么才能。一个人最糟糕的是不能成为自己,并且在身体与心灵中保持自我。"人只有依靠自己才能来帮助自己,成就自我。只有耕种自己的田地才能收获自家的成果。上天赋予你的能力是独一无二的,只有当你自己努力尝试和运用时,才知道这份能力到底有多么大的威力。

假如你不能成为山巅上的一棵参天的大树,那就做一棵山谷的灌木吧,但要做一棵长得最茂密的灌木;假如你不能成为灌木,那就做一棵小草吧,但要做一棵最有生命力的小草。这就是做人快乐的原则,虽然你是一个平凡的人,但作为一个平凡人也要敢于坚持自我,保持本色。假如你只知一味地附和或是模仿他人,那么,你就会失去人生的意义。

有这样一个寓言故事,说很久以前,有一头驴子生活在一望无际的原野上。在这片广袤的原野上,还生活着一群无忧无虑的牛,这头驴子非常羡慕牛温驯善良的性情、和和睦睦地相互关照的温情,也喜欢它们一起随遇而安、悠闲自得吃草的快乐。很久以来,它一直渴望能像牛那样悠然沉稳地咀嚼柔嫩的青草、慢条斯理地啜饮甘美的泉水、自由自在地安静生活。于是,驴子下定决心仿效牛的生活方式及行为举止。

于是这头驴子总是跟着它们，它们到哪儿，这头驴子就跟到哪儿。这群牛总是选择柔软细嫩的青草进食，饮用清凉甜美的泉水解渴。它们洁身自好，悠然自得地生活在蓝天白云之下的青草中、碧水边。于是牛群越来越兴旺。

有一天，这头驴子又跟着牛群迁徙到了一处水草肥美的地方。它找了一个机会混夹在牛群中，左顾右盼，前跑后颠，那些牛也都很礼貌地对待它，没有赶它走，并对它谦让有加。于是驴子心中便得意起来，趾高气扬地跟在牛屁股后面，仿佛自己真的成了牛族中的一员。

但是，驴子就是驴子，无论如何也改变不了驴子的本性而变成一头牛。它根本不可能像牛那样安详沉静地吃草，总是忍不住用蹄子前蹬后刨，把青草踏烂，把泥土翻起来，好端端的草地没多久就被它践踏得不成样子。然后，它又极不安分地跑到水中去饮水，将清清的河水搅成了泥汤。接着，驴子又模仿牛的叫声。可是，不管它怎样玩命地叫"我是牛！我也是牛！"，却依然改变不了驴子那世人皆知的嚎叫的声音。

最后，这群温良谦让的牛再也无法忍受这头没有自知之明的驴子的行为，它的各种行为已经破坏了它们原有的生活秩序。于是，牛群起而攻之，将它赶出了牛群。

其实，我们好多人也会不自知，不能保持真实的自己，但我们要知道每一个成功者，每一个伟人，他们都是与众不同的。他们不是因为伪装才获得了成功，也不是因为模仿而变得伟大，而是他们总是以自己的方式去做事，以自己的本色去面对世界，才赢得了别人的尊重和支持。而一个人最大的失败和悲哀就是失去了自己的本色，失去了自己。

一位作家说："我们此生不一定要成大名，立大功。可是，我们一定要明白自己的梦想，并把它具体起来，使它成为可能。然后去追求它，去实现它。"其实，人人都想保持自己的本色，但绝大多数人却没有勇气迈出这一步。

戴尔·卡耐基曾说："我无法写出能与莎士比亚相媲美的书，但我可以写出一本完全由我自己写成的书，我要做我自己。"保持自己的本色就是以真实的自己面对世界，轻松而坦然，不做作，不为难自己，不要以别人的标准来打造自己，自己的道路要由自己去开创，要有自己的标准。如果能够按照自己的本性生活，你的人生才会更加独特、精彩。因为生命的意义在于创新，人生最重要的欢乐在于创造的欢乐。首先必须和别人干得不一样，然后才能比别人干得好；首先必须为这个世界带来一些新的东西，然后才能实现自己的成功和自由。

你就是你,不是别人;你不需要成为别人,你也不可能成为别人。无论你想在哪一个领域中获得自由与成功,你都必须保持自己的本色,培养属于自己的风格。

也许有人会说,我们也想保持自我本色啊,可是在现实生活的种种压力下,保持自我本色并不是轻而易举的事情,有时会遇到各种阻力。比如,在你的生活和工作中,总有一些人会对你与众不同的特殊性看不惯,他们可能会劝告你,也可能会指责你,甚至还会打击你,这时,我们该怎么办呢?遇到这种情况,我们可以这样去面对这些阻力:在无关紧要或不重要的地方,你不妨从众,不妨做出一些妥协和让步,以减少那些不必要的麻烦;而在决定成败、决定前途和命运的关键时刻,务必像雄狮和苍鹰那样独立,坚持自己的独特性,高扬自己的特殊性,决不为任何外在的压力所折服。

"王侯将相,宁有种乎?"陈胜正是发出了不屈从命运的呼声,中国历史上才出现了农民起义。当他与其他穷人耕作于田垄,说道"苟富贵,无相忘"时,其他人蔑视地说道:"我们只是为别人做工的奴隶,温饱问题尚未解决,何来富贵。"他则说:"燕雀安知鸿鹄之志哉!"当时,陈胜只是一个贫苦农民,他的才智、地位都无法和当时的统治阶级相比,但他却发起了中国历史上第一次农民大起义,让普通百姓有了可以通过自己的抗争改变自己命运的觉醒。假如陈胜当时不坚持自己的想法,而是受其他人的影响,认为自己只是一个地位低下的奴隶,就不可能有什么大的作为,那么,中国历史上第一个发动农民起义的人就不是他了。

当年,惠特曼要发表《草叶集》时,爱因斯坦曾给他一些建议,建议他将一部分诗删去,但经过思考,惠特曼认为那些内容没有必要删,就坚持了自己的看法。《草叶集》发表后获得了巨大的成功,惠特曼也被奉为第一位真正的美国诗人。假如惠特曼不敢坚持自己的意见,或许他就不会成功。

我们来到这个世界上,不是为他人而活的,保持我们的本色才是我们自己的人生。不要被眼前的利益所羁绊,不必为今后的生活而苦恼,也不需要衡量自己所做的事情是不是别人眼中具有前途的事,只要你自己喜欢就好。委曲求全的生活会让你痛苦一生,而保持自己的本色即使生活不那么一帆风顺,也会让你感到很快乐。

我们每个人都有自己的优点和长处,也有自己的弱点和短处,有时候我们的弱点其实也是我们的潜在优势。如果我们把自己的特点隐藏起来,去追求别人眼中的"完美"形象,反倒会失去自己的特殊优势,变得普通、平凡,甚至暗淡无光。

著名的心理学家威廉·詹姆斯曾说:"一般人都喜欢模仿别人而不是发扬自己,却不知,一个人的最大成就是开发和利用自身的潜能来成就自己,只有以自己的特色去与别人竞争才有可能更快地获得成功。"很多时候,发扬自己的长处比伪装自己的短处更为重要,当你的长处非常耀眼的时候,你的短处自然就会被人们所忽视。此时,如果你再进行自我完善,你就会变得更加优秀。

爱默生在他的《论自信》中写道:"一个人不论好坏,他必须保持本色。虽然广大的宇宙之间充满了美好的东西,可是除非他耕作那一块属于他的土地,否则他绝得不到好的收成。他所拥有的能力是自然界赋予他的,除了他之外,没有人知道他能做出些什么、他能知道些什么,而这都是他必须去尝试求取的。"保持自我的本色,做一个真正的自我,这才是我们应该做的。

热爱工作，规划自己的梦想

20世纪80年代，有一位22岁的年轻小伙子在IBM公司工作。进入公司不久，由于他体质较弱，工作压力很大，最终病倒了。他凭着坚强的意志与病魔搏斗了3年之久，终于康复，并重回到公司工作。

当时，大病初愈的他已经25岁，于是立下了往后25年的生涯计划，这是他第一次为自己制订职业生涯的计划。此后，他每年都为自己未来的25年生涯订立新的计划。比如28岁时，就制订了到

53岁时的生涯计划；到了30岁时，就制订出至55岁时的生涯计划。

他觉得，病愈后再回到公司，一些比自己晚入公司的后辈职位都超过了他，要想在短时间内拉近3年的差距着实不易。但是，他并不是一个轻易服输的人。由于担心过分逞强会引起旧病复发，于是他就想找出既能悠闲工作又可充分休息的方法。因此，他就决定："好吧！别人花3年时间完成的工作，我花6年的时间；别人花5年时间完成的工作，我就花10年的时间，只要不慌乱，一步步地前进，还是会有成就的。"

所以，他订立自己的"25年计划"表，并确实督促自己按计划实践。他不断地对"如何才能以最少的劳力，消耗最少的精神，以最短的时间方能达到目的"进行思索，也就是说他不断地力图找到既轻松，又一定能成功的战略战术。他经常不断地调整自己的职业计划，追加新的努力目标，使自己的工作目标逐渐扩展充实起来。当他还是一个小小办事员时，就开始学习科长应具有的一切能力；当科长时，就学习当经理应具备的能力；当经理时，就再进一步学习胜任总经理的能力。

总之，他总是从自己的现实出发学习应具有的各种能力，然后再进一步为未来打基础，以便能随时胜任更高的职位。这一切都是得益于所订的职业生涯规划的有效帮助。到了30岁时，他成为经理，到了40岁时，则当上了总经理，他的升迁比别人要快得多。而47岁时，他干脆离开IBM，自己开始经营公司。能取得这些成就，也并不是因为他的脑筋特别好或者善于走后门，只不过他能拟定适合自己职业生涯的计划，并且能去践行。

这个故事的主人公不是别人，正是日本著名企业家井上富雄。

井上富雄的故事恰恰说明了这个道理，那就是无论工作中遇到了什么样的困难，我们有时要停下来，给自己留些时间去想，去静静地理一理。通过精细规划，一步一个脚印，去实现自己的人生梦想。

有不少人，忙忙碌碌了一生，不知道自己为了什么而奋斗，也不知道奋斗到什么时候才是尽头。在日益激烈的竞争环境中，一头扎进去，去拼搏奋斗，可是几年下来我们却发现已经找不到自己了，找不到原来的梦想了。所以，在工作中精心规划，一步步实现自己的梦想也是有条件的，那就是，首先你要热爱自己的工作。如果你不热爱自己现在的工作，即使你规划得再合理，最终却将发现，自己离心中的梦想只能越来越远。

戴尔·卡耐基曾经说过："每一个人都应该努力根据自己的特点来设计自己，量力而行。根据自己的环境、条件、素质、兴趣等，确定进攻方向。"所以，做自己喜欢的工作，在自己擅长的领域里，我们才能做得出色，在工作中找到自己的梦想，实现梦想的可能也最大。

当然，在我们刚刚步入社会的时候，一开始并不能自由地去选择自己喜欢的工作。因为社会这个大环境对于我们来说是完全陌生的。这种陌生，会让我们有一种茫然无措的感觉。此时，我们在这个陌生的环境里站住脚跟才是最重要的。这个时候寻求到的一份工作，十有八九不是我们所喜欢的。即使这样，我们也不能以敷衍的态度去应付工作，而是要学会去爱自己所做的。

詹姆斯·巴里曾经就这样说道："快乐之道不在于做自己喜欢的事情，而在喜爱自己不得不做的事情。如果我们无力改变现状，至少我们还可以改变自己，让自己喜欢上正在做着的工作。"通常情况下，选择自己喜欢的工作，更能发挥出我们的潜能，而且我们工作起来也就更容易取得成功。如果现在从事的工作，并不是自己喜欢的，那么就要试着调整自己，让自己喜欢这份工作。一个人是可以喜欢很多行业的，不要过早地给自己下结论，这样你的发展空间也会更大。

世界首富比尔·盖茨说："一名优秀员工应该热爱自己的工作，根据岗位职责做好本职工作的同时，能干一行、爱一行、专一行。"如果你想获得成功，想成为富人，那么你一定要热爱自己的工作，想在这个行业做大做强,就要为此而付出更多精力和热情。因为不喜欢你的工作,就算你的表现非常好,也不会一直坚持下去。那么很多人会问,怎样才是热爱我的工作呢?

首先,我们要享受拼搏的快乐。现实生活也是这样的,我们得到的回报取决于我们付出的多少。"天上不会掉馅饼""没有免费的午餐"说的就是这个道理。没有哪一位富翁的财富不凝聚着自己的汗水,没有哪位成功者的成就不是心血的结晶。可见,要取得成功,就必须静下心来,踏踏实实地努力奋斗。

其次,专注自己的事很重要。专注于自己的工作,这是热爱工作的最佳表现,无法专注工作的人,谈不上热爱工作,更谈不上成功。在专注的工作中学习本领,才有可能一步步向前迈进,最终实现自己的梦想,成为一个成功者。

在这个世界上,最成功和最幸福的人是那些全心全意投入自己所热爱的工作,从而使之尽善尽美的人。我们每个人都热爱生活,而工作是生活的一部分,而且是很重要的一部分,所以我们应该像热爱生活一样热爱自己的工作,让自己在工作中生活得充实而又有意义。

再次,把手上的工作做到底就是尽职尽责。尽责是一种全心地付出,尽职是一种挑战困境的勇气。尽职尽责也是战胜一切决心的体现，尽职尽责是对工作职责的勇敢担当，是对工作环境的积极适应，也是对自己所负使命的忠诚和信守。一个尽职尽责的人，一个勇于承担责任的人，会因为这份承担让生命更有分量。

热爱自己的工作，并在这份工作中找到自己的梦想，你就会在工作中找到乐趣，在工作中忘记辛劳，得到欢愉，从而也就找到了通向成功之路的秘诀。

曾经一位心理学家路过一座大山，在山中遇见了两位石匠。他们都在卖力地凿着石头。心理学家看见他们干得如此拼命，便走上前去询问第一位匠人："你喜欢做这个工作吗？"

匠人皱着眉头抱怨道："谁会喜欢天天抡这个重得要命的铁锤来和这些没有感情的石头打交道啊？实话跟你说吧，这简直就不是人干的活，但是为了生活我也没有其他的办法！"听完他的话，心理学家认同地点了点头。

他又走到第二个石匠面前，他看到这个石匠满面红光，嘴里哼着小曲儿，心理学家感到非常奇怪，便问道："你一定是非常喜欢这份工作吧？"石匠抬起头用手拭去了额头上的汗珠，憨厚地笑笑说："确实如此，我很喜欢这份工作，每当我想到这些粗笨的石头经过我的雕琢将被别人欣赏的时候，我就感觉到了由衷的自豪！"

心理学家被这个石匠朴实的语言震撼到了，他简直无法想象，一个做如此粗俗工作的石匠，竟然会有如此高尚的想法。若干年后，第二位石匠成了远近闻名的雕刻家，而第一位石匠仍旧像原来一样一边抱怨着一边重复着那些机械的敲石头的动作。

面对同样的工作，在同样的环境，两位石匠却有如此截然不同的感受。其实生活赋予每个人的成功机会是同等的，只是人们所持的心态不同。可想而知，如果你在工作中感受不到快乐，那么你的人生真的就会失去了很多。就像第一个石匠满腹牢骚，把手中的工作视为无奈之举，得过且过，结果就是一事无成；第二个石匠则用一种愉悦的心情、积极的态度来对待工作，所以生活总是会把成功的收获带给他。如果我们都能在自己的工作中找寻快乐，用自己的热情去构筑未来，那岂不是一举两得的事情吗？

现实生活中哪些人能离得开工作呢？其实我们大部分时间都是在工作中度过。所以享受工作，乐在其中，那么我们的工作必定会给我们带来欢乐。快乐是人生的最大追求，快乐的人必定善良，善良的心灵才会柔软纯净，才会感受到花的微笑和风的叹息。快乐的人必定懂得精神比物质需求更为重要，只要做到了这些，快乐的天使便会降临在你的生活中。

同时，我们要认真规划工作中的每一步，把每一次工作晋级都当作自己的梦想去奋斗去实现，那么每一次成功对你都是极大的鼓舞和肯定。

用特长支撑自己的梦想

特长就像一盏明灯,为梦想照亮前进的方向,使你坚实地迈向成功。我们每个人都有自己的特长,只是有的人特长比较突出,有的人水平一般或者自己还没有发现自身的特长到底在哪。特长就是一技之长,是我们赖以生存的技能。如果能够练就一种独门武艺,自然也就能纵横天下、独领风骚,所谓"一招鲜吃遍天"嘛。

大凡成功的人都是靠着自己的特长,才获得了一张在这个社会上生存的"执照"。能够清晰地认识和发挥自己的特长,自然也就有了竞争的资本、成功的可能。刘谦的特长是什么？魔术。周杰伦的特长是什么？唱歌。孙红雷的特长是什么？演戏。对。这就是特长能够让你成功的佐证。

所以，特长不仅可以让你快速地实现梦想，而且也可以让你心无旁骛、幸福地享受着奋斗过程中的每一个精彩瞬间。

而在现实中，往往很多人分不清楚自己的兴趣与特长。这也是人们经常做错梦的原因，等梦醒来时才发现这不是自己的专长。错把自己的兴趣当成特长来培养，造成了职业选择的错位，以至于耽误了自己的大好时光。

兴趣和特长的最大区别就是兴趣是由个人喜欢决定的，而特长是可以用来谋生的一种职业技能。但兴趣和特长之间又有联系，它们有时会形成交集。

比如，某个人的兴趣是写作，如果有意识地培养将有可能发展为自己的特长。但这种既是兴趣又是特长的毕竟属于少数。大部分兴趣与特长是不一致的。很多人都是在工作中形成的自己某一种特长，但不一定是自己的兴趣；只是时间久了靠积累的经验而发展为特长的。这也就是人们常说的"干一行爱一行"。

那么，如何才能看清自己的兴趣和特长呢？古人云："知人者智，自知者明。"认清自己的兴趣并不难，因为你平时喜欢什么爱好什么，只要是积极健康的，一想就明白。关键是特长，要认真审视自己的兴趣是不是可以发展为特长，这种兴趣有没有职业前途。首先要对自己提两个问题：一是我想做什么，二是我能做什么。明白了这两个问题，自然也就清楚了自己的特长方向。

世界首富比尔·盖茨曾经说过这么一句话："知道自己究竟想做什么、知道自己究竟能做什么是成功的两大关键。"

所以，认清自己，找出自己的特长，始终如一地坚持下去；成功也就没有想象中的那么难了，生活也就不会有那么多的苦闷和迷茫。如果你的特长正好又是你的兴趣爱好，那你就是这个社会上最幸福的人。

80后草根新生代明星的代表小沈阳，因为春晚一炮而红。他的成功就是把特长和兴趣叠在了一起，让自己的能量得到了充分释放，使自己的生命完成了一次华丽转身。

小沈阳的原名叫沈鹤，出生在开原市的一个贫苦农民家庭。艰苦的家庭条件并没有阻挡他对艺术的向往和对二人转的热爱。

但是，在高中毕业之后，他一度陷入了迷茫，接下来的人生路将何去何从？是在家种地还是外出打工？如果外出打工做什么？经过老师的指点和自己的认真分析，小沈阳觉得自己是那么喜欢文艺，那么喜欢二人转，他希望能够做自己喜欢的事。并且有那么多的二人转演员都能够获得成功，为什么我不能呢？于是，他决定进入铁岭县艺术团学习二人转表演。

在铁岭县艺术团经过老师系统的培训和指导，再加上自身的不断努力，他的特长得到了充分的发挥，并为他以后登上春晚舞台打下了坚实的基础。特别是在田间地头与观众面对面的交流，使他深刻地感受到老百姓对二人转的喜爱，以及对自己的认可，这更坚定了他将二人转艺术作为自己一生的追求的决心。

小沈阳深刻地认识到二人转将是他实现梦想的一盏明灯，那么只有提高自己的技艺才能为成功加重砝码。所以，他天天琢磨台词、揣摩表演形式，几乎进入到了痴迷状态。经过几年的演出，他终于得到了全国观众的认可。

小沈阳之所以成功，除了机遇和勤奋以外，就是他能够清楚地认识到自己的兴趣和特长之间的关系并且自己能够把这个兴趣发展成为自己的特长。

人不管从事哪种行业，都会有成功的可能，只要找出自己的特长坚持走下去。行行出状元嘛。关键是要结合自身条件以及善于发现自己身上的特长，才会知道哪些梦可以做，哪些梦不能做。

在辽宁省的一个农村，有个小姑娘叫吴桂花。她也许是天生脑子笨，从上小学就经常考试不及格，坚持到初中就自动退学了。

一天，孩子的舅舅从城里来，知道了桂花的情况，就把桂花带到他开的饭店去当服务员。那一年，桂花才15岁。几个月后的一天，舅舅在一个雅间里，看到桌子上摆着一小盘雕花，是用苹果雕的，玲珑剔透，让人百看不厌。舅舅端详欣赏着，赞不绝口，问道："是谁雕的？"

桂花说："是我。"舅舅一脸疑惑地看着她："真的？"桂花马上拿出一个苹果，当场雕了起来。她的刀法非常娴熟，只用了几分钟，一个苹果雕花便做成了。舅舅特别激动地说："真没想到，你还有这个特长。"

桂花说："我家有个苹果园，我放学没事就到苹果园去。地上苹果多，我就拿一把小刀削着吃。吃不了，就削着玩，渐渐地就开始雕刻，算起来都七八年了。"

"太好了，这回你有用武之地了。"舅舅说。

从此以后，饭店宴席上，只要摆上吴桂花雕的龙凤，或是鲜花，就会使席面增辉，令顾客称赞不已。有时客人要求见见雕花人，当他们一看站在面前的是个十五六岁的小姑娘时，都惊诧不已。客人兴致高时，还会要求吴桂花当场献艺。

吴桂花17岁那年，参加了在美国举行的世界宴会雕花大奖赛，一举夺魁。当桂花走下领奖台时,大家都夸赞她!"你真是一个天才!"

吴桂花回答说:"我不是天才,我是一个笨女孩。老天只教会我雕苹果,别的什么都没有了。"

是啊!老天只给了她雕苹果的本领,但这并没有影响她创造生命的辉煌。特长就像人生的一把雕刻刀,可以雕出芬芳而璀璨的人生。

"认识你自己"这句刻在德尔菲神庙的阿波罗神殿门前的箴言告诉人们,一定要正确地看待自己。认识自己的特长才能更容易让自己在激烈的社会竞争中崭露头角,从而支撑起自己的梦想。

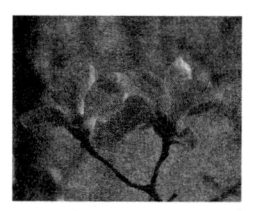

**青春的梦想，
就应该与众不同**

史蒂夫·乔布斯说过："你的时间是有限的，所以不要浪费时间活在别人的生命中。"

面对青春的梦想，我们一定要坚持自己的立场，去追逐自己的梦想。世界上有哪一个有所作为、有所成就的人不是这样生活的？有哪一个是放弃了独立行事的权利，接受了别人的摆布而取得了成功的？

80后代表作家韩寒，是一个突出的例子。韩寒是中国职业拉力赛及场地赛车手、作家、《独唱团》杂志主编，并涉足音乐创作。很多人愿意称呼他为80后作家的领军人物，因为他是80后作家中名气最大的一位，也是80后作家中出道最早的代表人物。

高中的时候，韩寒被迫退学，由于他的文学天赋，复旦大学破格录取了韩寒，但是在外人的叹息声中，他拒绝了，他有他自己的路。同样有着长跑天赋的韩寒也没有选择长跑，而是选择了赛车这个梦想。他的这些决定都让人大跌眼镜。其实，了解了韩寒，也就不会为他的选择而惊诧了。

正是因为韩寒了解自己心中的梦想，才会毅然决然地做出这样的决定。在现在的中国，大多数人认为上大学才是正道，只追求成绩好，别的都靠边站。而韩寒却反其道而行之，毅然退学，追逐心中的梦想，从事自己喜欢的写作、赛车。

拿韩寒的例子来说，一个人应当做自己感兴趣、爱好的工作，趁着自己年轻，去实现心中的梦想。即使你的梦想与众不同又怎样？只能说明你是个比别人更有想法和创意的人！

古今中外，取得重大成就的人多半是坚持了自己与众不同的想法才被人载入史册。曹雪芹是为了表达自己的生活感受而写作《红楼梦》，爱因斯坦是为了满足自己的好奇心才创立了相对论。这些人都不是为了服从世俗的意志、寻求别人的赞许才去呕心沥血、孜孜以求的。假如不是独立自主、宠辱不惊，曹雪芹、爱因斯坦、贝多芬、鲁迅这些伟大人物是不可能出现的。

一个上大学的年轻人，有一天他忽然发现，当时大学的教育制度存在许多弊端，便马上向校长提了出来。但是，他的意见并没有被学校接受，于是，他决定自己办一所大学。这样，他就可以按照自己的意愿消除这些弊端，让教育体制更适合学生们的发展了。

话说起来简单，然而办学校至少需要100万美元，上哪儿去找这么多钱呢？等这个年轻人毕业后去挣，那太遥远了。

于是，这个年轻人每天都在寝室内苦思冥想如何能有100万美元。同学们都认为他有精神病，做梦天上掉下钱来。但年轻人不这样认为，他坚信自己可以筹到这笔钱。

终于有一天，他想到了一个办法。他打电话到报社，说他准备筹备一个演讲会，题目叫《如果我有100万美元怎么办》，想让报社给予支持。报社虽然觉得这个想法有点异想天开，但他们还是决定在报纸上给这位有创意的年轻人予以支持。

在一切准备就绪之后，演讲会如期举行了，他的这一演讲创意吸引了许多商界人士的参与。面对台下诸多成功人士，年轻人在台上全心全意、发自内心地说出了自己的构想。

当演讲结束以后，一位叫菲立普·D.阿默的商人站了起来，说："年轻人，你讲得很好。我决定赞助你100万，就照你说的去做。"

就这样，年轻人用这笔钱办了阿默科技学院，也就是现在著名的伊利诺理工学院的前身。而这个年轻人就是后来备受人们爱戴的哲学家、教育家冈索勒斯。

年轻时候的冈索勒斯坚定信念，积极地思考解决办法，并没有因为别人的讥讽、资金的缺乏而放弃自己梦想，最终，他获得了人生的成功。

这个故事说明了一个问题，如果你的梦想与众不同，那就更应该坚持去为自己的梦想而努力。有了梦想又怕什么被人嘲笑呢？当你成功之时想必那些曾经说三道四的人都将自惭形秽，向你投来由衷的赞许的目光。

伟大的意大利诗人但丁说过这样的一句话：走自己的路，让别人说去吧。意思就是自己认定了方向，便下定决心走自己的路，别人说什么是别人的事。在我们的人生道路上，必然会遇到各种各样的选择，其中不乏对自己人生道路的选择，这个时候我们要慎重了，自己选择什么样的道路，虽然不能说和别人一点关系都没有，但是绝对不能够让别人左右我们的选择。因为我们的人生道路是要靠自己走的，最了解自己的人是自己，而且只有自己才清楚自己真正想要的是什么。一旦坚定了自己的选择，就无怨无悔地走下去，实现自己心中的梦想。

第二章
打开内心的门窗，迎接多元的世界

人如果关闭了内心的门窗，失去了追逐潮流的兴趣，又怎么能够让自己的头脑更加开放，让生活中的一切充满创新的灵感呢？露丝·罗茜曾经说过，经验可以使我们少走弯路，帮助我们成长。我们必须首先改变我们自己，消除一切不良因素，才能享受由成功带给我们的美好生活的乐趣。

◎————————————————

从这一观点来看,我们不妨打开内心的门窗,迎接这个变幻莫测而又异彩纷呈的世界。或许,下一个改变世界的人不是别人,就是你。

放下内心的成见，
从改变自己做起

许多人觉得世界的变化太快。

举个例子：许多年以前照张相片还是很麻烦的事情，不但要去照相馆，还要劳神等着照片洗出来再去取。等照片洗出来无论自己满不满意还要对照相馆的师傅千恩万谢，生怕下次照片拍出来更难看。

现在不一样了，拿出任何一部手机来如果没有拍照的功能，从某种意义上，手机就成了古董或者是复古的产品。

当付款无须排队和找钱，而是扫二维码；当写信不再靠信纸信封，而是打开电脑发送电子邮件；当远隔千里的亲人不再望月兴叹，随时可以和你视频聊天……这些在眼前发生的一切都毫无例外地呼唤着我们：全新的时代真的来了。

但很多人认为潮流只是一时，就像写信的人少了，用传呼机的人多了；用传呼机的人少了，用手机的多了；玩博客的人少了聊微信的人多了。流行的事物也只能占一时鳌头，过了气儿就没人稀罕了。

这种观点似乎也没错，但是，人如果关闭了内心的门窗，失去了追逐潮流的兴趣，又有什么能够让自己的头脑更加开放，让生活中的一切充满创新的灵感呢？一个人满脑子成见，觉得什么新事物都没什么好稀罕，不愿意改变自己，这样做的后果就是我们会变得越来越懒惰，原来越疲于思考，越来越不想去奋斗。安逸和稳定会让你慢慢失去改变的欲望，当你遭遇"晴天霹雳"的时候，你才会发觉不改变是不行的，而此时你已经失去了很多宝贵的机会。这也恰恰印证了北宋欧阳修的名言："夫祸患常积于忽微，而智勇多困于所溺。"

所以，面对世界的发展和变革，聪明人从不需要"晴天霹雳"式的警告，他们自己总会主动打破现有的安逸，积极迎接变化，放下心中的成见，让自己重新审视和发现，改变自己，迎接更好的开始。

有人做过这样一个实验：

如果将一只青蛙猛然扔进一桶沸水中，青蛙一接触到沸水就会迅速地跳出来；如果将青蛙放在冷水中，然后给水慢慢加温，青蛙就会舒展四肢，慢慢享受温水浴，最后水沸腾的时候，它却跳不出来了，因为它已经被煮死了。

这个实验启示我们：面对客观世界的改变，每个人都应该有改变自我的自觉，随着环境不断改变自己，否则，老是停留在过去的不变的安逸状态，必将遭到淘汰，像青蛙一样慢慢地被煮死。

法国化学家格利雅，1912年诺贝尔化学奖得主，看着他所取得的成就，也许你不会想到他也曾有一段混混沌沌、误入歧途的日子。那是他还年轻的时候，在学校里他是一名糟糕的学生，从学校毕业后，也不好好工作，整日游手好闲，到处寻欢作乐。

一天，21岁的格利雅去参加一个盛大的舞会，在舞会上，他看到一位秀丽端庄的小姐，顿时被她的迷人气质所吸引，于是走到她面前，礼貌地说了声："小姐，我想请您跳舞可以吗？"没想到，那位小姐好像没有听见他的邀请似的，仍绷着脸不予理睬。格利雅再次躬身并大声说："尊敬的小姐，我想请您跳舞可以吗？"小姐冷眼看了他一下，说了一句令格利雅一生都难以忘怀的话："我最不喜欢与您这样的花花公子跳舞！"

这句话犹如惊雷，震醒了格利雅。他突然感到，自己在终日无所事事的游玩中浪费了过去的青春岁月。等明白了这些后，格利雅悔恨交加，之后他给家里留下一个"你们不要来找我"的纸条，便奔向里昂城求学了。

经过两年的努力，格利雅不但补上了荒废了的学业，而且作为插班生考入了里昂大学化学系。在大学里，他如同重生一般，变得异常勤奋，而且常有精辟的见解。在名师指导下，他于1901年完成了金属镁有机化合物制备论文，获得里昂大学博士学位。

后来，他又发明了格氏试剂，这成为对有机化学研究领域影响深远的发明。为此，瑞典科学院于1912年授予格利雅诺贝尔化学奖。从格利雅受到那位小姐的冷落到他获得诺贝尔化学奖，中间经过了整整20年。当家乡父老知道他获得诺贝尔奖时，还专门召开大会庆祝这位昔日不学无术的纨绔子弟成为出类拔萃的化学家。在庆祝大会上，格利雅热泪盈眶地表示："过去的纨绔子弟格利雅已经死了，今天的格利雅要更加奋发，取得更大的成就来报答家乡父老对我的期望。"

露丝·罗茜曾经说过，我们必须首先改变我们自己，消除一切不良因素，才能享受由于成功带给我们的美好生活的乐趣。

从这一观点来看，我们不妨打开内心的门窗，积极调整自己，改变我们的不足，迎接这个变幻莫测而又异彩纷呈的世界。或许，下一个改变世界的人不是别人，就是你。

当然，改变自己并不是要你完全放弃自我，而是在坚持自我的同时，改掉那些错误和不足，改变心态并进一步发挥自己的优点和长处，才能实现自己的进步、完善、成长和成熟；只有随时自省、激励自己，努力扬长避短，发挥自己的潜能，才能在与人相对而坐时，具备一种强烈的吸引对方的魅力。所以，我们永远不要拒绝改变自己。

有一个小伙在街上闲逛时，看到一间小店里人很多，便不由得走了进去。店主是个年轻的女孩子，热情地招呼他："您想要什么款式的？看看有没有合适的。"

小伙随便看着，看中了一条牛仔裤，试穿后，感觉与自己想象的不一样，不是很满意。年轻的女孩子将衣服收好，又拿出另外一件让他试。期间，不断地有人在试穿衣服，女孩子总是微笑着将弄乱的衣服重新整理好。那个年轻人几乎试遍了那间小店他认为是合适的衣服，却总是有这样那样的问题让他不是很满意。最后，他一件衣服也没有买。离开店面时，小伙自己都感觉很不好意思，年轻的女孩子却说："没关系的，不合适的当然不能买啊，花了钱就是要买到满意的。这样吧，如果你不介意，留下你的电话，我进货的时候找找有没有你喜欢的那种衣服，给你带一件。"

年轻人没有在意，随手写下了自己的电话号码，之后，他很快也就忘了这件事。突然有一天，他的手机突然响了，他看到手机上显示的是一个陌生的号码，他接听了电话，听筒里响起了一个年轻女孩子的声音，问他是不是还需要那样的一件衣服，她帮他带了一件，如果方便可以到店里来看看，如果没时间，她就给他快递过去。

小伙看到那件衣服时，非常高兴，这正是他在杂志上看到过的，自己想要的那种！此后，他们成了好朋友。年轻人常常让女孩子帮忙带衣服给他，他对朋友们戏称他有了个"御用"买手。在大家都认为生意难做，钱不好赚的时候，这个女孩子的小店却总是顾客盈门。

相处时间久了，小伙很奇怪女孩子为什么能做到总是笑脸迎客，总是那么开朗积极自己为什么做不到呢？

女孩子说，以前，她也常常抱怨生活的不如意，工作的辛苦。是她的一个老师让她对自己做出了改变。一次，她到老师家去请教问题，进门的时候老师正在吃晚饭。晚饭很简单，清炒胡萝卜、熘肝尖儿，还有一小碟泡菜和浓香的粥。老师的家也收拾得一尘不染。老师看到她来了就热情地招呼她一起吃饭。边吃边聊的过程中，女孩说到了自己不开心的事，老师一直微笑倾听。老师说，你相信什么就会得到什么，如果你快乐就会得到快乐，如果你觉得自己不幸，真的就会遇到不幸的事。因此，人要快乐，就要对自己做出改变。

女孩子说，那一刻，她忽然懂得了生活，她从老师那里回到自己住的地方做的第一件事就是把小屋打扫干净。然后，尝试着给自己做出可口的饭菜，并且下定决心善待她遇到的每个人、每件事。

改变自己，就如我们每年年终的大扫除，这时我们都要对屋里屋外进行一次彻底的清理。当你满头大汗地将有用的东西一件件地整理好，需要丢弃的东西都堆放一旁时，你一定会很惊讶自己在过去短短一年内，竟然积累了这么多的东西。然后懊悔自己为何之前不花些时间整理，淘汰一些不再需要的东西，如果那么做了，今天就不会累得连腰都直不起来，打扫起来如此费劲了。

我们从这个教训中总结出这样一个道理：人一定要随时清扫、淘汰一些不必要的东西，日后才不会背上沉重的负担，才有可能给自己腾出进步的空间。

在人生道路上，我们几乎随时随地都得对心灵进行"垃圾清理"。心灵的清扫是一个挣扎与奋进的过程，是一个战胜自己的过程。不过，你可以告诉自己：每一次的清扫，都不是最后一次。而且，没有人规定你必须一次全部扫干净。你可以每次扫一点，但你至少应该丢弃那些会拖累你的东西。

人的一生不可能总是一帆风顺，总会遇到许许多多的挫折和失败，每个人也都有自身的缺点和不足，所有这些都迫使我们不得不"丢掉旧我，接纳新我"，随着时间随着环境去改变自己，把自己"清扫"一遍。

波恩和嘉琳是一对孪生兄弟，他们年轻帅气，可是在一次火灾事故中，他们失去了一切，他们是此次火灾中仅生存下来的两个人。当消防员将他们从火场中救出后，他们很快被送往当地的一家医院，虽然两人死里逃生，但大火已把他俩烧得面目全非。

波恩每天发愁于自己的容貌，不知道以后还怎么见人，又有谁愿意要自己，该如何养活自己呢？想到这些他就对生活失去了信心，经常自暴自弃地说："与其赖活着，还不如死了算了。"

嘉琳努力地劝波恩："这次大火只有我们得救了，我们应该更加珍惜我们的生命，让我们生活得更有意义。"

兄弟俩出院后，波恩还是忍受不了别人的冷眼，偷偷地服了安眠药离开了人世。而嘉琳独自一人艰难地生存了下来，无论遭到什么样的冷嘲热讽，他都咬紧牙关挺了过来，嘉琳一次次地暗自鼓励自己："我的生命比谁都高贵。"

有一天，嘉琳还是像往常一样送一车棉絮去加州。下着雨，路很滑，嘉琳车开得很慢。此时，嘉琳发现不远处的一座桥上站着一个人。嘉琳紧急刹车，车滑进了路边的一条小沟。嘉琳还没有靠近年轻人的时候，年轻人已经跳下了河。年轻人被他救起后，又连续跳了3次，直到嘉琳自己差点被大水吞没。

没想到的是，嘉琳救的这位年轻人竟是亿万富翁，富翁很感激嘉琳，便和嘉琳一起干起了事业。

很快，嘉琳从一个积蓄不足10万元的司机，到一个拥有3.2亿元资产的运输公司的总裁。

几年后医术发达了，嘉琳用挣来的钱修整好了自己的面容。

其实，我们每个人都想过更好的生活。但是像波恩一样，因为自己承受了打击，就认为从此命运无法改变，可是不在逆境中试着改变自己，好运又怎么会无缘无故地来临呢？天下没有免费的午餐，只有付出才有收获；你可以选择你想要的生活，抱怨只会让事情更糟糕，你可以选择不停地抱怨别人，也可以选择自己做出改变。它不一定要你完全改变你过去的所有，一个念头的转变，一个心态的转化，一点行为的修正，然后让自己慢慢养成良好的习惯，就会给你带来好的机遇。改变的力量可以来自权威，也可以来自自己的内心。

现在开始，对自己做出改变，不要嫌晚。知道了自己要改变的地方，就坚决去改变。如果你现在就开始改变自己，你会发现你正在改变世界，世界也因此变得更加明亮。

笑一笑,
让人生迎接幸福收获

卡耐基说过:"微笑是一种神奇的电波,它会使别人在不知不觉中同意你。"

在所有的动物中,唯有人类会微笑,可以说它是上帝赐予人类的专利,是一种令自己和别人都感到愉悦的表情。那看似不经意的轻轻一笑,却蕴含着无穷的魅力与能量。在生活中,微笑不但可以平息纠纷,化解矛盾,还会带来其他种种让人意想不到的良好效应。我听说过很多关于微笑带来好运的故事,比如有人因为保持微笑而重获新生,有人因为保持微笑而受人欢迎,获得自信。这里有一个真实的事例向我们展示了微笑的神奇魅力。

一个叫安东尼的士兵在内战时不幸被俘虏,被关进了阴暗的单间牢房。这里一般的俘虏几乎都只有被处死一种结局,所以在被抓的那一刻,安东尼感到前所未有的绝望。

为了对抗死亡带来的恐惧,他从身上摸出了一根烟,但是,火柴早在进来之前就被人搜走了。安东尼感到很沮丧,他环视四周,透过牢房冰冷的铁窗,借着昏暗的光线,他看见一个像木偶一样一动不动的看守。他用力摇了一下铁窗,那个看守好像没有什么反应,于是他尽量提高声音对看守说:"我想抽根烟,借个火用下。"

这回看守听见了,头慢慢地扭过来,慢慢地踱到安东尼跟前,瞪了他一眼,不耐烦地把火柴递给他,表情极为冷漠。"谢谢,我在天堂里会为你祈祷的。"安东尼真诚地道谢,同时下意识冲他微笑了一下。不知是出于感谢还是别的原因,安东尼的嘴角就向上翘了,脸上的肌肉略微松弛了一些。也就是在那一刹那,他们之间的隔阂就像冰遇到火一样被融化了。受到安东尼的感染,看守脸上的肌肉也松了下来,嘴角不自觉地露出了一点笑容。也许若不是安东尼先笑,那个看守是不会有笑容的。安东尼将火柴还给看守后看守并没有立即离开,而且表情也比刚才缓和了很多,他非常友善地问安东尼:

"你的家里还有亲人吗?有孩子吗?""有!你看,还很小。"安东尼说着从内衣口袋的皮夹中拿出孩子的照片给看守看。看完之后,看守也掏出他的全家福照片,并且开始讲述他对家人的期望和计划,表情无限幸福。听到这些,安东尼的眼中含着泪水,但努力不让它流出来。他满怀伤感地说:"我怕我再也见不到我的孩子和妻子了,不能抚养我的孩子长大了。"看守听后脸上露出了同情,很快就热泪盈眶。他沉思了片刻,用食指贴在嘴唇上,示意安东尼不要出声。他开始机警地环视周围,并巡视了一圈过道,看到没有什么异常情况后,他慢慢地掏出钥匙,悄悄地打开了牢门的锁。

安东尼的生命被他的一个微笑挽救了,他没有想到微笑的力量竟是如此伟大、如此神奇!

如果没有那个微笑,安东尼的结局是可想而知的。但是,一个真诚的微笑将他从死亡的边缘拉离。其实,在这里微笑并不只是一个简单的动作,它还折射出了安东尼积极乐观的人生态度,从而打动了那个看守,让他看到了生活的美好,引起了他对生命的重视。确实,在困境中还能保持微笑的人,该有着怎样的积极心态?这样的生命有什么理由不被重视呢?它不仅应该被那个看守重视,还应该被我们每个人重视。

微笑还是一种富有感染力的力量,它证明了你内心不带虚伪,有着自然的喜悦。你还可以通过它将自己的快乐情绪传递给别人，给他们留下一个良好的印象。

如果你稍加注意，就会发现，当别人冲你微笑时，你会产生一种被赞美和认同的感觉。因此，你就会对对方产生好感，这会为你们之间进一步交往铺平道路。你还会发现，一个经常把微笑挂在脸上的人，会给人留下充满自信的印象。现实正是如此，自信的人会经常情不自禁地微笑。自信是克服困难、做好事情的前提。如果你养成了时常微笑的习惯，你就会惊奇地发现，自己不再懦弱、自卑。

有个女孩子总是为自己不讨男孩子喜欢而自卑。一天，她偶然在商店里看到一支漂亮的发卡，就试戴起来。当她戴起它的时候，店里的顾客都说漂亮。于是她非常高兴地买下发卡，并戴着它去学校。

因为戴了一只新发卡，她觉得自己比以前要漂亮些，而且心情也变得格外明朗，脸上不自觉地露出了微笑。让她觉得奇怪的是，许多平日不太跟她打招呼的同学，见到她都友好地向她挥手。女孩觉得受到了前所未有的待遇，笑得更加开心。许多男孩子也向她表示好感，甚至约她出去玩。

那一天，成了女孩有生以来过得最快乐的一天，她觉得自己的生活充满了乐趣与希望，而自卑早就逃得无影无踪了。少女心想，我今天之所以这么受欢迎，完全是因为头上的漂亮发卡，这真是一只有魔力的发卡啊!随即她想到店里应该还有很多其他样式的发卡,应该再买几个不一样的回来。放学后,她立刻跑回那个商店。结果她刚一进门,店员就笑嘻嘻地对她说:"我就知道你会回来拿你的发卡。早上我发现它躺在地上时,你已经离开好大一会儿了。所以我就暂且替你保管着。"这时她才发现其实自己的头上根本就没有戴什么神奇的发卡,真正神奇的,是她发自内心的微笑。

微笑能够救人,还能够让一个默默无闻者感受到来自周围人的关注,它为什么会有这么大的魅力呢?

培根有句名言:"含蓄的微笑往往比口若悬河更为可贵。"微笑是世界上最美丽的表情。微笑能沟通彼此,拉近距离。微笑像柔和的冬阳,像春天的和风。因此,经常保持微笑的人拥有良好的人际关系,具有广阔的社交资源,总是在众人之中保持着良好的个人口碑,自然他们会拥有幸福的人生。一位先生给我们讲述了自己的一段亲身经历,告诉了我们微笑带给他的重大变化。

在我结婚的18年里,每天早晨从我起床到我预备好出门做事的这段时间里,我很少对我妻子微笑,或说上二三十个字,我是行走在百老汇街上的脾气最坏的一个人。

当有一天早晨,我对着镜子梳头的时候,看见镜中自己沉闷的面孔,我忽然很难过,难道这就是自己这么多年来一直拥有的脸孔吗？不是的，它应该是开心的，让人看了舒服而喜欢的。于是我对自己说："嗨，你今天要一扫你往日的愁容，你要微笑，就从现在开始。"于是在我坐下吃早餐的时候，我向我妻子打招呼说："亲爱的，早！"我微笑着看着她。

我简直不敢相信她的反应，她迷惑了，她被我的举动镇住了。我笑着对她，将来这样的事情会变得十分平常。

我就这样轻易地改变了我对生活的态度，从那以后，我的家人得到的快乐比过去不知要多多少倍。

而且在我去办公室的时候，我对公寓中开电梯的人说"早"，并且面带微笑；我对门口的守卫微笑；我在地铁小店里兑钱的时候对伙计微笑；我在交易所对以前我从未见过的所有人微笑。

不久我就发觉，大家都会主动对我微笑。我对那些来向我抱怨诉苦的人，以和悦的神色相待。我静静地听他们抱怨的时候依然面带微笑。因为这样，我觉得调解变得很容易。我觉得微笑每天都给我带来了财富，很多很多的财富。

我同另一个交易员合用一间办公室，他有一个可爱的年轻秘书，我对我近来得到的结果非常惊讶，于是我就将这人际交往的秘密告诉了他。然后他非常坦诚地告诉我，当他刚来跟我合用一个办公室的时候，他觉得我是一个脾气坏透了的人——近来他才改变了他的想法,他说我对人微笑的时候真的充满了人性。

这些事都真实地改变了我的生活,我现在跟以前完全不同,我比以前更快乐,生活更丰富,朋友们也更开心——毕竟,这才是最主要的事。

朋友们,听完这个故事你不觉得自己应该多笑笑吗?如果说微笑是上帝赐给人类的最贵重的礼物,那是因为微笑对每一个人都很重要。无论在生活还是工作中,微笑都闪耀着迷人的魅力,推动你更好地生活和做事。

勇敢前进，
人生没有蹚不过去的河

流水在碰到抵触的地方，才把它的活力解放。

——歌德

有一首歌唱得非常好："生活就像爬大山，生活就像蹚大河，一步一个深深的脚窝，一个脚窝一首歌。"在我们的生活中，总会有这样那样的山需要我们去爬、去征服，总有这样那样的坎需要我们去过、去翻越，只有一步一个脚印，积极地去面对，才能走到最后，笑到最后，向所有的人展示自己的强大。

我们每个人在自己的一生中都会遭遇坎坷、不顺、烦忧。个性悲观消极的人在面对大大小小的困境时，往往看不到前途的光明，整天抱怨命运的不公平，甚至破罐子破摔，在精神上倒下。而个性积极乐观的人在遇到困境时，能够泰然处之，在精神上藐视，在态度上重视，采取行动，积极地去克服。因为他认定活着就是一种幸福，无论顺境还是逆境，都一样从容镇定，积极寻找生活的乐趣，让自己过得充实、快乐，在精神上永远是个胜利者。

曾看到过这样一则非常有哲理的寓言：

有两条河流，每天都开开心心地流淌着，它们相约，要从山上的源头出发，一起奔向大海。于是它们在约定的日子，从不同的路径各自出发了。它们经过了山林幽谷、翠绿草原，最后在隔着大海的一片荒漠前相遇，面对着沙漠，它们相对叹息。

在它们的面前横亘了一道"坎"，那就是沙漠，若不顾一切往前奔流，它们必会被干涸的沙漠吸干，化为乌有；要是停滞不前，就永远也到达不了无边无际的大海，它们之前的日夜奔波就白白浪费了。这时，天上的云朵听到了他们的叹息，知道了它们发愁的原因，就提出了一个拯救它们的办法。

一条河绝望地认为云朵的办法行不通，执意不去做；另一条河则不肯就此放弃投奔大海的梦想，毅然化成了蒸汽，让云朵牵引着它飞越沙漠,终于随着暴雨落在地上,还原成河水流到大海。

不相信奇迹的那条河,宿命地流向前方,给无情的沙漠吞噬了。

在面对生活的不平与不顺时,我们都可以选择当第二条河,凭着自己坚定的理念和梦想,在绝处寻找生机,而不是用死亡来拒绝面对难题。是啊,世界上没有过不去的坎。正如古语所言,天无绝人之路。面对困难,我们都要开动脑筋,积极地去调整,这样才能在困境中找到新的生机。

曾有这样一名身患乳腺癌的病人,这无论对谁而言,都是一座大山,只有勇敢的人、有信念的人才能爬过。这位女士做到了,她不断与病魔做斗争。就在被推入手术室的那一刻,她还在不断地和上帝"讨价还价",祈求上帝让她多活10年,待她那两个年幼的孩子年长一些,再来把她带走。

在那一刻,孩子成了她活着的最大的意义。为了孩子,她积极乐观地面对病魔,一路走来已有12年,而上帝也未向她"讨债"。她在治疗期间,认识了患着同样病痛的另一位女士,但是这位女士就没这么幸运了。虽然她们病情相似,但这位女士却因丈夫离开而失去了生活的支柱,没了生活的重心,整天自怨自艾,放弃与病魔搏斗。面对死神的挑战,患病不到5个月的她选择弃权,像极了沙漠中被索汲水分致死的第一条河。

反观前者,从最初难以接受地不断质问"为什么是我?",到后来勇敢豁达地面对自己的病情,她显然已飞越过生命中干旱的沙漠,尝到了生命源泉的甘甜。

只有品尝过咖啡般的苦涩,才能体会美酒的醉人;只有经历过生活的磨难和历练,才能真正领悟出活着的意义。在我们的周围有很多看似平淡无奇的人,他们背后其实都有着一个个发人深省的故事,只不过他们已经爬上了山,翻过了坎。大多数人只是看到了成功人士的无限风光,却忽略了那些不为人知的经历,而恰恰是这些经历才是成功人士眼中千金不换的财富。世上有很多成功者背后几乎都经历过无数次失败的煎熬,都攀爬过人生路途中的悬崖峭壁,面对困境,他们也可能担心、惶恐、慌乱,但他们最终会努力去解决问题。因为他们知道,动摇和恐惧只会使问题更难解决,而集中精神努力去解决问题,才能挺过艰难的时刻。只有咬紧牙关,一步步努力撑下去。

坚韧、勇敢,是成功者跨越过生活沟坎的特征。

没有坚韧、勇敢品质的人,不敢抓住机会,不敢冒险,一遇困难,便会自动退缩,殊不知"胜败乃兵家常事"。那些一心想要成功的人,即使失败,也不会灰心丧气,而是继续奋斗,在每次失败后再重新站起,比以前更有决心地向前努力,不达目的决不罢休。他们不知道什么是"最后的失败",在他们的词典里面,也找不到"不能"和"不可能"几个字,任何困难、阻碍都不足以使他们跌倒,任何灾祸、不幸都不足以使他们灰心。

在一场国际现代舞蹈大赛中,正在举行华尔兹的比赛,有十多对来自不同国家的"舞林高手",穿着亮丽的舞衣在场中翩翩起舞。

每对舞者的舞技都是一流的,每个旋转、手势、眼神、微笑都是那么优雅,令人叹为观止。

正当所有观众都被现场华丽优美的场景吸引时,有一位裁判慢慢地走到舞池边,静静地捡起一只红色的高跟鞋。然而,华尔兹的优美乐曲并没有停止,十多对舞者仍然一副专注、忘我的模样,微笑着继续舞蹈。那么这只红色的高跟鞋到底是谁的呢?这不可能是闲杂人等遗留的,也不可能是从天而降的,也不会是从房顶上掉下来的,一定是哪位女舞者在旋转时甩掉的。

音乐继续着,但是所有观众的目光,似乎都开始寻找"是谁掉了鞋"。可是,他们找来找去,就是找不到那只红色高跟鞋的主人。

而失去红色高跟鞋的主人,两脚高低不同,这对一场舞蹈来说,是多么糟糕的状况啊!但是观众的目光即使搜遍全场,也没有找到。十多对舞者都随着乐曲不停地旋转,根本看不出是谁出了问题。

直到华尔兹乐曲结束,观众才发现,其中一位女舞者正踮着脚,满面笑容地半弯着腰,向观众答礼;而观众向她报以热烈的掌声!

或许,正是因为有困境的考验,人们才能不断超越自己!

那些人生的失败者,往往是不能坚持到成功的人。

著名心理学家、哲学家威廉·詹姆斯发现了这样的过程:"如果我们被一种不寻常的需要推动时,那么,奇迹将会发生。疲惫达到极限点时,或许是逐渐地,或许是突然间,但是只要我们能超越疲惫的极限点,就可以找到全新的自我!"詹姆斯继续解释道,"此时,我们的力量显然到达了一个新的层次,这是经验不断积累、不断丰富的过程。直到有一天,我们会突然发现自己竟然拥有了不可思议的力量,并感觉到难以言表的轻松。"这对我们翻越人生的"大山"而言,是极好的建议。这需要我们的勇敢和坚韧。

事实上,坚韧对于我们改变生活、跨越障碍、实现目标至关重要。许多事实证明:世界上所有的事业,只要人们勇敢地坚持去做,都会获得成功,所有的阻碍都可以被尽数打破。

勇敢、坚韧是解决一切困难的钥匙,试看诸事百业,有哪一种可以不经勇敢、坚韧的努力而获成功呢?

在世界上,没有什么东西可以替代勇敢、坚韧,即使它是一座通天的大山、一道遮天的坎。那么就让我们培养勇敢、坚韧的品质,向着胜利前进!还是那句话,积极面对,勇敢前进,人生其实没有蹚不过去的河!

固化的思想是创新最大的敌人

几乎每一条道路上都拥挤着盲目的人群,能够过"独木桥"的人肯定只有少数的幸运者。因此,在许多关键时刻,十分有必要换一种做人的思路,不再被大流裹挟前进,这样才有可能走出属于自己的"独木桥"来。尽管自己走的也是"独木桥",但由于只是一个人走,其难度必然大大降低。这样,独属于自己的"独木桥"也就成了阳关道。

我们来看一个这样的故事。

有一天，一个农夫的一头驴子不小心掉进一口枯井里。农夫看在眼里急在心里，他试着放绳子把驴子拉上来，但是由于枯井太深，井口又太小，实在是没人愿意帮他。虽然他绞尽脑汁想办法救出驴子，但几个小时过去了，驴子还在井里痛苦地嚎叫着。最后，这位农夫决定放弃，他想这头驴子年纪大了，没准也活不了多久了，不值得大费周章去把它救出来。不过，他不忍心看着自己的驴子在枯井里奄奄一息，于是他决定将这口井填起来。农夫便请来左邻右舍帮忙一起将井中的驴子埋了，以结束它的生命，免除它的痛苦。农夫的邻居们人手一把铲子，开始将泥土铲进枯井中。这头驴子刚开始叫得很凄惨，但出人意料的是，一会儿之后这头驴子就安静下来了。农夫好奇地探头往井底一看，眼前的景象令他大吃一惊：当铲进井里的泥土落在驴子的背部时，驴子的反应令人称奇——它将泥土抖落在一旁，然后站到泥土堆的上面！就这样，驴子将大家铲到它身上的泥土全数抖落在井底，然后再踩上去。没多久，这只驴子便用驴蹄扒住井口，挣扎着爬了上来然后在众人惊讶的表情中快步跑开了！

这个故事说明了一个我们每个人都应该思考的道理。我们在生命的旅程中，往往会因为一些像"枯井"这样的困境而放弃希望，但是当我们在面对"倾倒泥沙"这种让人更加绝望的绝境时，却发现"抖落泥沙"这样的转机就摆在我们的面前,成为我们唯一的出路。

因此,解放我们固化的思想,即使是在困难的境地也会有意想不到的生机。其实固化的思想是人生最大的敌人,然而许多事情在不经意间的小成效却成了改变命运的重要途径。

在中国封建社会科举应试是读书人最大,甚至是唯一的出路。因此,一个人若不参加科举,那简直算是最大的脱离潮流、离经叛道,更不能博取功名,报效朝廷了。

但是,人类社会毕竟又是由一个个生命个体组成的。每一个生命个体,作为一个高级动物,一个有思维能力的人,在客观世界面前并不是始终处于被动地位,有时,他们的那种只有人才具有的主体意识,不但会使自己适应客观世界,而且还会在这种适应中开拓出另一片新天地。这样一些人,是人类的智者,也是人类的佼佼者。

左宗棠在三次落榜后,绝意于科场,发誓再不参加科举考试。这绝不是意气用事,而是在人生路口上从另一种新的思路出发做出的新选择。但是,值得说明的是,这种选择并不是以消极的方式进行的。他不像有的人那样,一旦在自己的人生路上遇到挫折和坎坷,不是沉沦消极、怨天尤人,就是不思进取、自暴自弃,而是以一种"山重水复疑无路,柳暗花明又一村"的乐观、超凡、豁达的人生态度,独辟蹊径,走向人生的另一境界。

做到这一点，一是要有相当坚强的意志和良好的心理素质，二是要有相当程度的自信心，三是要有在人生关键时刻敢于重新选择自己命运的勇气和魄力。三者缺一不可。因为，如果没有坚强的意志和良好的心理素质，就不能正确对待多次努力后的失败，就不能承受这种比摧毁人的肉体更具杀伤力的对人的心理和精神的摧毁；没有对自己相当程度的自信心，就不能在挫折和坎坷中重新站起来，并且一直走下去，更不会有在人生的关键时刻放弃大家都走的路而重新选择属于自己的出路的勇气和魄力。

当然，这在不同的条件下具有不同的意义。比如，当社会为个人的重新选择提供了合适的条件时，人的重新选择就容易得多。这就是我们经常说的时势造英雄。"时势"一般指时代形势变化多端，处于大动荡、大变革时期的社会环境，这种环境实际上等于给一切具有英雄气质的人提供了一个施展才华并且成为英雄的机遇。也就是说，这是一个需要英雄而且必将产生英雄的时代。如曹操的脱颖而出在相当程度上就是时代需要和他个人的努力相一致的结果。但是，如果社会并没有为英雄的产生提供条件，或者社会正处于相对平稳的发展时期，这时，人们的思想意识也自然会处于相对平稳的状态，这时英雄的产生就比较困难。特别是，当一个人的选择与时代的要求和同时代人的选择相左时，这种选择不但不会为时代所容纳和承认，同时也会遇到来自各方面的阻力。

左宗棠无疑属于后者。这也从反面佐证了在正确方法下勇于放弃的做人思路。

左宗棠当时所处的那个时代，科举几乎是人们唯一的通道。这一通道不但是时代给人们选择好了的，同时也是人们唯一的选择和需求。也正是如此，左宗棠的父辈自始至终给他灌输的都是科举之道。但是，左宗棠并没有按照时代和家庭给他规划好的路走下去。当他明白无误地看到自己在这条路上继续走下去的后果，特别是当他看出这条路的弊端时，他便义无反顾地对他的人生进行了重新选择。

实践证明，左宗棠的选择不但显示出他过人的胆识和魄力，而且也说明，人的价值的实现途径是多样的，关键是你能否正确地对待自己，客观地估价自己。一个人只有正确而客观地对待和估价自己，他才能够面对现实，对自己的人生之路做出正确的选择。

一个人在对自己的人生之路进行重新选择时，还应该具有超前意识。也就是说，这种选择应该是以对社会的发展趋势的正确判断和准确把握为前提，而不应是盲目的，这样，你才能保证重新选择的正确性。如左宗棠，如果不是对清朝前景的准确把握，如果不是他冷静而敏锐地看出"经世有用之学"对清朝重振雄风的作用，他也许会做另外的选择。不随大流，走自己选择的冷僻路，是一条充满荆棘与鲜花的刺激之旅，要么跌得很惨，要么掌声雷动。但可以肯定的是，在这个过程中是要付出很多的。读了十几年八股文，考了数次科举的左宗棠，敢于在那个时代放弃读书人唯一的一条人生天梯，不仅表现了他超人的胆气，也表现了他不随大流，善于换一种思路的智慧。众所周知，他的创新思想不但使他成为洋务运动的领军人物，更使他成为近代中国一位可圈可点的大人物。他的成功经历告诉我们，人在遇到挫折的时候，不能拘泥于自己固化的思想，要敢于提出新想法，大胆去尝试，这样我们才能在逆境中开辟一条属于自己的路。

心胸越宽广,
视野才能越开阔

度量大,是一种修养,是一个人文雅人格和健康心理的体现。它来自一个人的理念、理想追求及道德修养。胸襟开阔,就要见贤思齐,而不能嫉贤妒能。而心胸狭隘,是不够虚心、不能容人、品性不端的表现。要做到大度,不小气,首先要眼界开阔,而不能目光短浅。因为,眼界开阔的人在看问题方面会比较大气,而没有什么见识的人只能困在自己的小圈子里面,为了鸡毛蒜皮的事情跟人吵得面红耳赤。要始终怀着一颗美好的心去观察和认识世界,要用长远的眼光去看问题。只有这样，才能具有宏大而深邃的视野，表现出深刻的感性和理性。胸襟宽阔，就要大度能容，而不能小肚鸡肠。

大凡杰出人物，都是那些能够容忍、宽大的人。他们无论是在人际交往还是在工作中，都能做到"度量大一点，脾气小一点"。

在人生的乐章中，每一个音符都是我们自己谱写的。开朗快乐的人拥有快乐幸福的人生，而抑郁忧愁的人则拥有抑郁忧愁的人生。如果我们自己是爱发牢骚的人，我们通常也会觉得别人爱发牢骚；如果我们不能原谅和容忍别人，不能宽厚待人，人们也会以同样的态度对待我们。

假设我们想与人和睦相处并得到他人的尊重，那么我们就应该尊重他人。每个人都有他自己为人处世的方式和性格特征，我们与他人打交道时，应该容忍他们的为人处世方式和性格爱好。我们也许并不清楚我们自己的怪僻或一些奇怪的方面，但它们却实实在在地存在着。在南美的一个小村，那儿的大脖子病是如此之普遍，以致该村的人以为没有这种病的人就是畸形人或丑八怪。一天，一群英国人经过那儿，村庄里的许多人都嘲笑他们，并狂呼乱叫："看，这些人没有大脖子（病）！"

大学问家法拉第曾和他的朋友廷德尔教授在信中交流他的心得体会，下面便是他令人钦佩的建议，这些建议充满了智慧，也是他丰富人生经验的总结。法拉第说:"请允许我这位老人在这里说说我从人生经历中获得的益处,谈谈我的心灵感悟。年轻时,我发现我经常误会别人的意思,很多时候,人们所表达的意思并非我想当然地认为的那种意思。而且,更重要的是,通常对那种话中带刺的话装聋作哑要比寻根究底好;相反,对那种亲切友好的话语仔细品味要比权当耳边风要好。真相终归会大白于天下。那些反对派,如果他们本身错误的话,用克制答复他们远比以势压人更容易使他们信服。我想要说的是,对党派偏见视而不见更好,对好心好意则应该目光敏锐。一个人如果努力与人和睦相处,那他一生中就会获得更多的幸福。你肯定不能想象出,我遭人反对时,我私下也经常恼怒不已,因为我不能正确地思考,因为我总是目空一切。但是,我总是在努力的,我也希望能成功地克制自己,不与别人针锋相对。我也知道我从未为此受到过什么损失。"

画家巴里在罗马时,他有争论的嗜好,他又和罗马的艺术家以及艺术爱好者,就油画和绘画作品的经营问题,展开了激烈的争论。他的朋友和同乡埃德蒙·伯克是一位宽宏大量的人,为此热情洋溢地给他写了一封信,并劝他说:"请相信我,亲爱的巴里,诚然,用武器可以反对世界的邪恶,但是,能使我们和解的品质却是节制、温和、宽容他人以及多多地反省我们自己。这些品质并非那种卑怯性质的品质，而是一种伟大的、崇高的品质；这种品质能使我们沉着镇静，也能给我们带来好运；没有任何东西能比一颗温和平静的心灵更能使我们从容地面对一个充满流言蜚语、尔虞我诈、暴力冲突的世界。我们应该与我们的同类和睦相处，即便我们不是为了他们，至少我们也应该为了我们自己的利益而与他们和睦相处。"

伯克这充满哲理的劝慰话语，足可作为我们做人与处事的金玉良言。

日本战国时代，上杉谦信和武田信玄是死对头，他们在川岛会战之后，又打了好几次激烈的仗。有一天，一向供应食盐给信玄的今川氏和北条氏两个部落，都和信玄起了冲突，因此中止了食盐的供应。而信玄的属地申州和信州又都是离海很远的内陆，不生产食盐，因此这两州的人民都陷入了无盐的困境。

谦信听到这个消息后，马上写信给信玄说："现在今川氏和北条氏都中止了食盐的供应，使你陷入困境，我不愿趁火打劫，因为那是武将最卑鄙的做法。我还是希望在战场上和你分个胜负，所以食盐的问题，我来帮你解决。"而谦信也遵守诺言，请人运送大批的食盐到申州和信州，替信玄解决了问题。所以信玄以及两州的人民都很感激谦信。

谦信是当时最剽悍善战的武将。每次战争都可以说是惊天动地，并且他又非常讲义气。从这个故事中我们可以知道,谦信实在是一位具有深厚同情心的人。也正因他武功高强,为人光明磊落,重义气而富有同情心,所以很受后人的敬仰。

常人的心理都会因敌人的陷入困境而幸灾乐祸,同时也会觉得,可利用这种难得的机会打败敌人。可是谦信并不这么想,虽然他和信玄是死对头,又不断交战,但目的只是在争个高低,而不是要陷百姓于困境。所以谦信认为,虽然两国正在交战,但面对敌人因为没有食盐而陷入困境时,理应先设法拯救,至于争夺胜负,那是战场上的事。谦信有这种气度,正是他伟大的地方。

在这个世界上,竞争是免不了的,对立有时也是必要的。但是身为领导者,应该学习谦信那种不分彼此,甚至爱护竞争对手的正义心,才算是真正的英雄豪杰。

宽以待人,历来被我国历史上的贤才仁士所推崇。"惟宽可以容人,惟厚可以载物。"但有些人却完全是"严以待人,宽以律己"。如果别人稍微做错一丁点事情,就借题发挥,破口大骂,完全不顾他人感受,似乎别人就会一错再错,要把别人的尊严踩在脚下。如果自己做错了事情,则可以把黑的说成白的,或者干脆推卸责任。这种人惹人恼。相反,有些人宽以待人,严于律己,则会招人喜欢。

清代学者张潮有一句话:"律己宜带秋风,处事宜带春风。"

让我们多一些长远的眼光，少一些狭隘的想法；多一些磅礴大气，少一些小肚鸡肠；多一些理解、宽容，少一些埋怨！这才是现代有为之人所必备的气质和胸怀。

一个兼容的时代，唯有宽容让你畅行无阻；一个处处充满压力的时代，唯有宽容让你从容应对。

人生因为宽容才会变得从容，心态才会永远阳光。

宽容是世界上最美丽的情感，也是人生最崇高的境界；宽容是一种生存的智慧、生活的艺术，是看透了社会人生以后所获得的那份从容、自信和超然。

宽容是一种力量，更是一种拯救！

在2005年秋季的一天，有两个失落的少年在加州的一个林场里玩耍，恶作剧地点燃了那片丛林。他们想象着消防警察们灭火时的慌乱和焦灼，得意不已。可他们万万没有想到，一名消防警察在扑救这次火灾的时候不幸牺牲了。

这名消防警察才22岁。在全力以赴地履行自己的职责时，他被浓烟熏倒后烧死在丛林里头。更让人伤心的是，这名消防警察早年丧父，是母亲独自将他抚养长大的。成长的过程充满艰辛，他常常对父母表示，成人后要好好回报她。而这正是他参加工作后的第一周，连第一次薪水都没有领到……

在查明这是一起蓄意纵火案后，整座城市的人们顿时愤怒了，市长表示一定要将罪犯抓捕归案，让他们接受严厉的惩罚。警察开始四处追捕，那两名被列为嫌疑人的少年的头像也开始出现在城市的各个角落。

而这一切都不是这两个少年最初想象的，他们只得惊恐地离开这座城市，四处流窜。听着来自四面八方的愤怒的声音，他们陷入深深的悔恨、无奈和恐慌之中。

除了这两个少年，媒体的目光更多地投放到这位警察的单身母亲身上。但是当她说出第一句话时，所有人都震惊了。她是这样说的：

"我很伤心地看到我的儿子离开了我，但是我现在只想对制造灾难的两个孩子说几句话——你们现在一定活得很糟糕，很可能是生不如死。作为这个世界上最有资格谴责你们的我，我想说，请你们回家吧，家里还有等待你们的父母。只要你们这样做了，我会和上帝一道宽恕你们……"

那一刻，全场的记者都无语了，没有人想到这位刚刚失去儿子的母亲居然会说出这样的话，他们以为等来的声音会是哀伤，或是愤怒，没想到竟然是宽恕！

而人们更没有想到的是，这位母亲发表讲话后的一个小时，在邻城一个小镇的一家旅馆里，两位少年投案自首了。

两名少年告诉警察：就在那位母亲发表电视讲话的那天下午，他们因为承受不了这巨大的社会压力而购买了大量安眠药，准备一道离开这个世界。但就在这时，他们从电视里听到了那位母亲的声音。他们顿时泪如雨下，而后，将安眠药丢到一边，拨通了警察局的电话……

现在这两名鲁莽的少年已为人父，他们会时常领着自己的孩子去看望那位可敬的母亲，那已经是他们心灵上的另一位母亲。

荀子曾说："群子贤而能容墨，知而能容愚，博而能容浅，粹而能容杂。"西谚云："世界上最大的是海洋，比海洋更大的是天空，比天空更广阔的是人的胸怀。"宽容是一种博大的胸怀，是一种崇高的美德。

每个人都会犯错，包括我们自己，可是我们往往能很快就原谅自己，却无法原谅别人。这种原谅自己却不原谅别人的行为是一种软弱的表现，因为你只敢面对别人的过错，却无法面对自己的过错。每个人都有犯错的时候，有的错误还是无意间造成的，是无心的。如果换个角度想想，你若是那个犯错的人，是不是也希望你"得罪"的那个人能原谅你？如果对方原谅你，你的心情又是怎样的？

对人要有宽容之心，有的时候对方的做法可能不是有心的，是无意的冲动行为。知道他不是有心的，就不要把这件事再放在心里，而应该忘了它。

面对那些无意的伤害，宽容对方会让对方觉得你心胸博大，可以消除无心的人对你造成伤害后的紧张，可以很快愈合你们之间不愉快的创伤。而面对那些故意的伤害，你博大的心胸会让对方无地自容，因为宽容对方体现出的是一种境界。宽容是对怀有恶意者最有效的回击。不管别人有意还是无意伤害了你，其实他的内心也会感到不安和内疚，或许是因为碍于所谓的"面子"而不肯认错，而你的宽容就会使彼此获得更多的理解、认同和信任。

宽容是一种积极的人生态度。面对激烈的市场竞争和风云变幻的世界，一个人必须有宽阔的胸襟，才能保持良好的竞争状态，才能拥有一个阳光的心态。狭隘和嫉妒只能使自己的路越走越窄，最终走投无路。

一个时代有一个时代的特点。而今，时代的特点是兼容，无论是科技文化还是政治体制，谁不能把握和顺应时代的主流，谁就不能把握创造和发展的机遇。面对多元化的大千世界，面对兼容的时代特点，我们都应该认真反思我们身上狭隘的陋习，锻造一种适应时代特点的新品德——宽容。

宽容是这个时代最珍贵的品格，也是时代成功者必须锻造的一种品格。

宽容是一种与人相处的素质,一种时代崇尚的品德,更是吸纳他人长处来充实自己、创造自我价值的优秀品质。

放下自己的犹豫，
在适当的时候要善于决断

我们也许会有这样的经历：当想买一双新鞋子的时候，因为价钱贵而犹豫一阵子，结果当再次来买的时候，发现它已经卖出去了。这就是我们为自己当初的犹豫付出的代价。其实，在人生中有很多事情都是这样的，我们在拿不定主意的时候往往会顾虑重重，结果一眨眼就错过了做事情的最佳时机。

卡耐基曾经这样评价傻子和智者，他说："傻瓜喜欢速决，他们不顾障碍，行事鲁莽，难得成功；所谓的智者，则遇事犹豫不决，干什么事情都迟疑难断,有时候事情尽管判断对了,但因为不能马上就做而延误战机,从而也不能成功。"

从这段评价可以看出,在卡耐基的心目中,办事犹豫的聪明人和鲁莽的傻子一样,在事业上难以成功。的确,犹豫使我们错失很多机会。所以,我们在考虑清楚后,就要立刻行动起来。犹豫只会使我们把机会留给别人。

犹豫是成功的天敌,这是因为犹豫越久,越容易消磨信心和意志,丧失成功的时机。犹豫还会引起怀疑,让我们由怀疑而丧失自信,从而限制人的积极创造精神,无形中增加我们前进的阻力。从最糟的结果说,如果一个较差的决定是较早做出的,出了问题你还有补救的时间;而一个决策的做出如果既差又迟,那么你连补救的余地都没有了。虽然机遇往往伴随着高风险,但要想把成功牢牢抓在自己手里,就必须有勇敢果断的精神。

古人云:"当断不断,必受其乱。"就是告诉我们做事情应该果断,不要犹豫不决。事实上,决心和信心相伴相随,犹如太阳神阿波罗和月亮女神阿尔忒弥斯,有了决心和信心的保驾护航,就能够打败优柔寡断的宿敌。虽然你没有树的伟大,但你可以有草的纯朴;虽然你没有牡丹的高贵,但你可以有小野菊的洒脱。生命可以不伟大,但必须发光。而把握好生命,就把握好了发光点。我们在遇到机会的时候，就应该紧紧抓住，不要犹豫。

当今社会是一个瞬息万变的时代，信息传递快似闪电。因此，要想抓住机会，必须学会果断。与其在那里绞尽脑汁地编织一个又一个方案，还不如面对现实，抓住机会，竭尽全力，把眼前最重要的事情办好。其实，只要把眼前的机会抓住了，把手头的事情办好了，就意味着胜利，意味着成功。

要想成为一个优秀的人、一个有气场的人，就必须有坚定的决心来战胜犹豫。因为优秀的人总是与成功相伴的，总是能不断抓住机会，要抓住机会就必须马上行动，坚毅果断地为自己的理想尽早变成现实而努力奋斗。

从前，有一位很有名的哲学家，很有学问而且英俊潇洒，很多女孩都为他着迷。有一天，一个姑娘来敲他的门，这个姑娘很诚恳地对他说："让我做你的妻子吧！错过我，你就找不到比我更爱你的女人了！"虽然这个哲学家也很喜欢这个姑娘，但他回答说："让我考虑考虑。"然后，哲学家用他哲学思想，把结婚和不结婚的好处与坏处分别列了出来。他发现，这个问题有些复杂，好处和坏处差不多一样多，真不知道该如何决定。哲学家就这样犹豫着，时间一年又一年地过去了，终于有一天，他做出了一个结论：人如果在选择面前无法做决定，应该选择没有经历过的那一个。做出这个决定之后,哲学家去找那个姑娘,对她的母亲说:"您的女儿呢?我考虑清楚了,决定娶她。"但是,姑娘的母亲却把他挡在门外。他得到的回答是:"你晚来了八年,我女儿已经是两个孩子的妈妈了!"哲学家几乎不能相信自己的耳朵,他难过极了。两年后,他得了重病。临死前,他把自己所有的书都扔进火里,只留下一句话:"如果把人生分成两半,前半段的人生哲学是'不犹豫',后半段的人生哲学是'不后悔'。"

这个故事告诉我们,犹豫是成功的天敌,会影响一个人的魅力,从而影响一个人的气场。只有果断的人,才能及时抓住机会,抓住幸福,凝聚自己的气场。

在我们的人生中,总有层出不穷的新考验摆在我们面前,这时一定要敏于决断,快速决策,快刀斩乱麻,否则再好的商机也会变成明日黄花。很清楚,前途无量的人并不是那些犹豫不决的人,而是一旦决定之后就不屈不挠的人。一个犹豫的人连自己都无法相信自己,怎能赢得他人的信赖,又怎么在瞬息万变的市场环境中把握成功的机遇呢?

有的时候,我们总是把事情想得过于复杂,本来十分简单的事情过于重视分析其中的得失。其实有的时候我们应该善于决断。在你犹豫不决的时候,其实机遇已经溜走了,之后追悔莫及还有什么用呢？

美国独立战争时期，有一天，华盛顿骑马经过一队士兵面前，他们正在设法把一根大梁放到屋顶上去。

班长绞尽脑汁指挥着士兵出谋划策，找寻办法，但没有用。华盛顿问他为什么在那犹犹豫豫，不参加进去，帮一把力。

那个班长脱口而出，回答说："难道你看不出我是班长？我正在思考用哪种方案才能更快地将大梁放到屋顶上去。"

华盛顿礼貌地说："对不起，班长先生，我没有想到这一点。"

华盛顿于是下马同那些士兵一起干，很快就把那条大梁放上了屋顶。他擦把汗说："如果你们以后需要帮忙，可以找你们的总司令华盛顿，我一定会来。"

在很多人看来，"出谋划策"比"执行决断"高贵得多，也高深得多。但是解决问题的办法是善于决断，亲自动手去做，这样通常才会得到你更想见到的结果。

善于在工作中散发自己的气场

"气场"是最近几年很流行的一个词。说一个人讲话有气场，简单来说，就是一个人讲的话有深度、有内涵、有说服力；说一个人着装有气场，说明这个人穿着端庄得体，有派头儿，上得了台面，镇得住全场，让人过目不忘。可是气场究竟从哪来呢？

卡耐基曾经说过："一个对自己的内心完全有支配能力的人，对他自己已有权获得的其他东西也会有支配能力。当我们开始用积极的心态并把自己看成是成功者时，我们就开始成功了。"

美国的朗弗罗这样说："乌云后面依然是灿烂的晴天。"当我们听到这句话的时候，我们看到的是希望，即便是正在遭遇困难也会有信心、有勇气努力走下去。我们愿意和这样的人在一起，因为这种积极向上的人是有气场的，可以聚集正能量。

积极的人是有气场的，因为一个拥有积极心态的人，能够提高适应环境的能力，并借助这种积极心态使自己进入洒脱豁达的境界，从而掌握生命的主动权。有积极心态的人不一定聪明，也不一定有才华，但他们能把你带到一个新境界。

一个拥有积极心态的人往往与成功相连。实际上，人与人之间的差异并不是很大，但有的人能够造就伟业，有的人却一事无成，是否拥有积极的心态就成了关键因素。通过对那些成功人士的研究，可以发现：成功的人，他们对人、对事的心态，除了积极就是乐观，而那些平庸的人，则恰恰相反。因此，要拥有积极的心态，集聚自己积极的气场。

一个人只有具有认真的态度，才能提高工作效率，才能充分展现自己的能力，才能在人生事业中获得成功，拥有积极的气场。认真是一种工作态度，也是一种职业精神。它要求我们忠诚于自己的本职工作，踏踏实实，实事求是，用心对待在职的每一天，对工作始终充满激情，不找任何借口，尽职尽责，自动自发地去工作，努力提升自己的专业技能，把工作做到职责本身所要求的标准。毛泽东主席说过这样的话：打仗只能一仗一仗地打，敌人只能一部分一部分地消灭，工厂只能一个一个地盖，农民犁田只能一块一块地犁，吃饭也只能一口一口地吃。这可以算作是对"认真"的一种注释。联系到学习，我们也可以说：书本要一页一页地读，上课要一句一句地听，单词要一个一个地背，难题要一道一道地解，等等。"差不太多"、"大概如此"、三心二意、一曝十寒，这些都不是认真的态度。比如做会计工作，你必须保证正确填写了各种账簿和票据，不允许有一点儿差错，必须做到百分之一百正确，做到了这一点才是"认真"。

学会认真是每一个人生存的必修课。学生不认真，就会考试不及格，影响升学；工人不认真，就会制造故障，甚至危机人身安全；教师不认真，就会误人子弟，害人匪浅；医生不认真，就会耽误病情，害人生命等等，所以我们应该学会认真。认真，体现着一个人的生活态度、敬业精神，还能帮助一个人获得成功。只有那些有着严谨的生活态度和热忱的敬业精神的人，才会认真对待每一件事。不做则已，要做就一定要尽心尽力做好。这样的人往往会得到别人的信任，为自己打开成功之门。

1944年冬天，盟军完成了对德国的铁壁合围，法西斯第三帝国覆亡在即。整个德国笼罩在一片末日的气氛里，经济崩溃，物资奇缺，老百姓的生活陷入严重困境。食品短缺对普通平民来说已经是人命关天的事了，但由于是冬天，取暖成了另外一个致命的问题，如果家里没有足够燃料的话，根本无法挨过漫长的冬天。在这种情况下，德国各地政府只得允许老百姓上山砍树。政府部门的林业人员先是在林海雪原里拉网式地搜索，找到老弱病残的劣质树木，做上记号，再告诫民众：如果砍伐没有做记号的树，将要受到处罚。在有些人看来，在当时那样的环境下，这样的规定简直就是个笑话：国家都快要灭亡了，谁来执行处罚？

当时的德国，由于希特勒正在垂死挣扎，整个国家几乎处于无政府状态：几乎将所有的政府公务人员都抽调到前线去了，看不到警察，更见不到法官。但令人意想不到的是，直到第二次世界大战彻底结束，全德国竟然没有发生过一起居民违章砍伐无记号树木的事。在生命线的边缘，每个德国人都忠实地执行了这个没有任何强制约束力的规定。使德国人在如此恶劣的情况下，仍能表现出超出一般人想象的自律的，就是两个字：认真。

如果一个人把认真当成了一种习惯，并将它深入自己的骨髓中，融化到自己的血液里，那么这个人必将是一个有气场的人。

如果一个国家中的每个人都认真起来，那么这个国家的气场就会强大得令世界敬佩。

　　大人物为何有强大的气场？万事万物就怕"认真"二字。做事细心、严谨、有责任心、追求完美和精确，是认真；做人坚持正道，不随波逐流，不为蝇头小利所惑，"言必信，行必果"，也是认真；认真做事的前提，是认真做人。认真的人最美，认真是一种可怕的力量，一个人认真就可以走向成功，练就自己的气场；一个企业认真，就可以屹立不倒；一个国家人人认真，就可以抵御外敌、繁荣昌盛。

第三章
学会选择，定制专属人生

人生在世，选择无处不在。比如，早饭吃什么，上班坐哪趟车才不会堵，今天去见哪位客户会有希望，现在买哪只股票会赚钱……面对这些选择，我们总是精打细算、小心翼翼，甚至有时会质疑自己的决定，为自己做出的选择而后悔。因为一旦做出了坚定的选择，就意味着我们必须要放弃生活中的一些东西，去换来成功。

诚然，人生其实并没有完美的选择，人生不能同时迈入多个门槛，选择做什么是自己的自由，而选择的意义也在于实现自己的人生价值。

我们应该始终铭记着自己的目标，选择自己想走的路走下去，凭借着自己的长处，为了自己的未来努力奋斗下去，实现自己的精彩人生。

人生不能同时迈入多个门槛，选择很重要

孟子所言"鱼与熊掌不可兼得"便是最典型的关于选择的例证。到底是吃鱼还是吃熊掌，如何才能做出正确的选择？

一个男孩子选择女朋友，到底是选择红玫瑰还是白玫瑰？他总要做出自己的选择。

人生在世，选择无处不在。既然选择了，就注定不能求全责备，力求所有的事情尽善尽美。选择了踏进这个门槛，就意味着别的大门前已经是不属于自己的路。因此选择至关重要。

让我们回顾一下前人的足迹：伽利略放弃了自己的自由，誓死捍卫自己的学说，才使牛顿得以站在"巨人"的臂膀之上；比尔·盖茨放弃了自己在哈佛大学的学位，投身商海，成就了20世纪人类世界的一个神话。他们都做出了坚定的选择，他们的放弃换来的是成功。但并不是每次选择都意味着成功，其间必须经历的痛苦曲折是常人难以想象的。但是如果没有正确的选择和放弃便不会有他们的成功。

当然，有时黑与白之间会夹杂着灰色，正如人生不能简单地说是好与坏，人不能简单地区分为好人、坏人。有时会"浮云遮望眼"，或是"雾里看花"，需要你的火眼金睛去拨云见日。

特别是在年轻时面临的职业选择，这关乎着一个人一生的幸福与成败。由于受各种主、客观条件的限制，在人生有限的时间内，一个人往往只能在特定的行业中取得成功。在择业的时候，一定要清楚正确的选择对于自己人生的重大意义。应该做到准确地预测出自己在这一行业是否会有所发展。其实现实中，所有的职业无所谓好坏，关键看是否适合自己。不要执意在"贫瘠的土地"上耗费精力，而荒废了"肥沃的田野"。

20世纪初德国著名化学家奥斯瓦尔德读中学时，父母为其选择了一条学习文学的道路。孰料老师的评价是："他很用功，但过分拘泥，这样的人即使有很完美的品德，也无望在文学上有所建树。"父母充分尊重了儿子的选择，让他改学油画，但他既不善于构思，亦不会润色，更缺乏艺术的理解力与想象力，成绩在班上倒数第一。老师的评语变得简短而严厉："你在绘画艺术上是不可造就之才。"父母和奥斯瓦尔德并未气馁，主动到学校征求意见。化学老师见他做事一丝不苟，建议他改学化学。奥斯瓦尔德的智慧火花仿佛一下子被点燃了，这位在文学、绘画艺术上的不可造就之才竟成为公认的在化学方面"前程远大的高才生"。

1909年，奥斯瓦尔德获得诺贝尔化学奖，成为举世瞩目的科学家。

人在不同的领域价值的实现程度有一定差别，有时这种差别是让人难以想象的。

做任何事情都是这样，先认清自己的优势所在，然后再走进适合自己的领域，去实现这种价值。

一个人欲想在事业上取得骄人的成绩，就必须脚踏实地从零做起。一个初入社会的年轻人完全不必担心自己的才华被埋没，因为只要是金子放在哪里都会发光。

所以，从小事做起，对小事进行选择，把小事做好是你走向成功的第一步。纵观所有的成功者，他们与我们都做着同样简单的小事，唯一的区别就是，他们从不认为自己所做的事是简单的小事。其实，无论大事小事，关键在于你的选择，只要选择对了，你的小事也就成了大事。

工作并无小事，每一件小事都可以算是大事，要想把每一件事做到完美，就必须固守自己的本分和岗位，付出自己的热情和努力。这就是做出了最好的贡献。

职业道德要求我们每一个员工对待小事要像对待大事一样认真。许多小事并不小，那种认为小事可以被忽略、被置之不理的想法，只会导致工作不完美。

一个人的成功，有时纯属偶然，可是，谁又敢说，那不是一种必然呢？

恰科是法国银行大王，每当他向年轻人谈论起自己的过去时，他的经历常会唤起闻者深深的思索。人们在羡慕他的机遇的同时，也感受到了一个银行家身上的特质。

还在读书期间，恰科就有志于在银行界谋职。一开始，他曾去一家法国最好的银行求职。一个毛头小伙子的到来，对这家银行的管理层来说太不起眼了，恰科的求职接二连三地碰壁。后来，他又去了其他银行，结果也是令人沮丧。但恰科要在银行里谋职的决心一点儿也没受到影响，他一如既往地向银行求职。有一天，恰科再一次来到那家法国最好的银行,他不知天高地厚地直接找到了董事长,希望董事长能雇用他。然而,他与董事长一见面就被拒绝了。对恰科来说,这已是第52次遭到拒绝了。当恰科失魂落魄地走出银行时,看见银行大门前的地面有一根大头针,他弯腰把大头针拾了起来,以免伤人。

回到家里,恰科仰卧在床上,望着天花板直发愣,心想命运为何对他如此不公平,连让他试一试的机会也没给,在沮丧和忧伤中,他睡着了。第二天,恰科又准备出门求职,在关门的一瞬间,他看见信箱里有一封信,拆开一看,恰科欣喜若狂,甚至有些怀疑自己是否在做梦,他手里的那张纸是银行的录用通知。

原来,昨天恰科蹲下身子去拾大头针时,被董事长看见了。董事长认为如此精细谨慎的人,很适合当银行职员,所以,改变主意决定雇用他。正因为恰科是一个对一根针也不会粗心大意的人,因此他才得以在法国银行界平步青云,终于有了功成名就的一天。

于细处可见不凡,于瞬间可见永恒,于滴水可见太阳,于小草可见春天。上面说的都是一些举手之劳的事情,但不一定人人都乐于做这些小事,或者有人偶尔为之却不能持之以恒。可见,举手之劳中足以折射出人的崇高与卑微。

一个能够成就大业的人，一定具备一种脚踏实地的做事态度及非凡的耐心和韧性。正是他们对小事情的处理方式，为他们成就大业打下了一个良好的基础。

**理清目标再去做，
人生才能更有意义**

目标是人们做事的一个灯塔，我们所有的精力与力气都是为它储备的。目标的大小直接决定着成功的大小。正如拿破仑所说："我成功，因为我志在成功。"

人生有许多的困惑，最大的原因就是大家每天都稀里糊涂，一点不晓得生命中真正对他们有意义、有价值的东西是什么，无怪乎他们在得到所追求的东西之后内心依然空虚，叹道："难道人生就是如此？"

许多人之所以在生活中走偏了路，归根结底是没有弄清楚目标的正确含义，常常耗费心力于那些并非真正想要实现的目标上，因此才会遭受那么多的痛苦。

我们会有什么样的成就，会成为什么样的人，就在于先做什么样的梦。先有梦，才会有成就，才会发挥潜能。

有个出生于旧金山贫民区的小男孩从小因为营养不良而患有软骨症，在6岁时双腿变形成"弓"字形，而小腿更是严重萎缩。然而在他幼小心灵中一直藏着一个没有人相信会实现的梦——除了他自己，这个梦就是有一天他要成为美式橄榄球的全能球员。他是传奇人物吉姆·布朗的球迷，每当吉姆所属的克里夫兰布朗斯队和旧金山西九人队在旧金山比赛时，这个男孩便不顾双腿的不便，一跛一跛地到球场去为心中的偶像加油。由于他穷得买不起票，所以只有等到全场比赛快结束时，从工作人员打开的大门溜进去，欣赏最后几分钟比赛。

13岁时，有一次他在布朗斯队和西九人队比赛之后，在一家冰淇淋店里终于有机会和他心目中的偶像面对面接触了，那是他多年来所期望的一刻。他大大方方地走到这位大明星的跟前，朗声说道："布朗先生，我是你最忠实的球迷！"吉姆·布朗和气地向他说了声谢谢。这个小男孩接着又说道："布朗先生，你晓得一件事吗？"

吉姆转过头来问道："小朋友，请问是什么事呢？"男孩一副自豪的神态说道："我记得你所创下的每一项纪录，每一次的达阵。"吉姆·布朗十分开心地笑了，然后说道："真不简单。"这时小男孩挺了挺胸膛，眼睛闪烁着光芒，充满自信地说道："布朗先生，有一天我要打破你所创下的每一项纪录。"

听完小男孩的话，这位美式橄榄球明星微笑地对他说道："好大的口气，孩子，你叫什么名字？"小男孩得意地笑了，说："奥伦索，先生，我的名字叫奥伦索·辛普森。"

奥伦索·辛普森日后的确如他少年时所言，在美式橄榄球场上打破了吉姆·布朗所写下的所有纪录，同时更创下一些新的纪录。为何目标能激发出令人难以置信的潜力，改写一个人的命运？目标又何以能够使一个行走不便的人成为传奇人物？各位朋友，要想把看不见的梦想变成看得见的事实，首要做的事便是制定目标，这是人生中一切成功的基础。目标会引导你的一切想法，而你的想法便决定了你的人生。

设定目标有一个重要的原则，那就是它要有足够的难度，乍看之下似乎不容易实现，可是它又要对你有足够的吸引力，愿意全心全力去完成。当我们有了这个令人心动的目标，若再加上必然能够达成的信念，那么就可说是成功了一半。

　　一个人做事没有明确的目标，就会让人感觉很茫然，也缺少前进的动力。明确的目标是成功的开始，而一个积极向上的目标会使你变得强大有力，会使你胸怀远大的抱负；积极的目标在你失败时会赋予你再去尝试的勇气，会使你不断向前奋进；积极的目标会给你前进的动力，使你避免倒退，不再为过去担忧；积极的目标会拉近理想中的"我"与现实中的"我"的距离，帮助你迈向成功！

选择自己擅长的事物，成功才能事半功倍

选择自己最喜欢和最擅长的事往往是通往成功的捷径。对一件事情，或者一个领域感兴趣，往往会让你倾注更多的精力去探究和发现，从而拉近你和成功之间的距离。很多年前，一位名人讲过一句话："你一定要做自己喜欢做的事情，才会有所成就。"

有一位机械师不喜欢自己的工作，想转行，却迟迟下不了决心，因为他已经学了二十几年的机械，如果突然换一份其他工作，会感到很不适应。尽管不喜欢，他却无法抛开累积二十多年的机械专业知识。

他想改变,但又甩不掉过去的包袱,自然无法突破。这是个矛盾,既然知道自己再继续做下去也不会有兴趣,就应该果断地做出决定:转行!做自己喜欢的事情毕竟是令人兴奋的,也更容易激发自己的想象力和创造力,并最终取得卓越成就。

要改变自己目前的状况,就要让自己更有自信,要让自己做事更有成效,我们就必须做出更好的决定,采取更好的行动。

做你自己喜欢做的事情,其实是很困难的。大多数的人,多半都在做他们不喜欢的工作,却又必须逼迫自己把不喜欢的事情做到最好。

他们经常失去了动力,时常遇到事业的瓶颈,而没有办法突破。他们不断地征求别人的意见,却还是照着习惯的生存方式生活,凡事没有进展,原地踏步。这些当然不是他们想要的,但是由于种种原因,他们当中却很少有人试着去改变自己的状况。其实,要找到自己真正喜欢的工作,只需要把自己认为理想的工作条件列出来就一目了然了。

有一个男孩,他的父母希望他能成为一个体面的医生。可是男孩读到高中时便迷上了电子计算机,整天摆弄着一台现在看来十分落后的苹果机,经常把计算机的主板拆下又装上,装上又拆下并乐此不疲。

男孩的父母很伤心,告诉他应该用功念书,否则根本无法立足社会。可是,男孩说:"有朝一日我会开一家公司。"父母根本不相信,还是千方百计按自己的意愿培养男孩,希望他能成为一位医生。

不久,男孩终于按照父母的意愿考入了一所大学的医科,可是他只对电脑感兴趣。在第一学期,他从当时零售商处买来降价处理的个人电脑,在宿舍里改装升级后卖给同学。他组装的电脑性能优良,而且价格便宜。不久,他组装的电脑不但在学校里走俏,而且连附近的律师事务所和许多小企业也纷纷来购买。

第一个学期快要结束的时候,他告诉父母,他要退学。父母坚决不同意,只允许他利用假期推销电脑,并且要他承诺,如果一个夏季销售不好,那么,必须放弃。可是,男孩电脑生意就在这个夏季突飞猛进,仅用了一个月的时间,他就完成了18万美元的销售额。

他的计划成功了,父母很遗憾地同意他退学。

他组建了自己的公司,打出了自己的品牌。在很短的时间内,他良好的业绩引起了投资家的关注。第二年,公司顺利地发行了股票,他拥有了1800万美元的资金,那年他才23岁。

10年后,他创下了类似于比尔·盖茨般的神话,拥有的资产达43亿美元。他就是美国戴尔公司总裁迈克尔·戴尔。

比尔·盖茨曾经亲自飞赴他的住所向他祝贺，对他说："我们都坚守自己的信念，并且对这一行业富有激情。"

每个奇迹的开始总是始于一种伟大的想法。或许没有人知道今天的一个想法将会走多远；但是，我们不要怀疑，只要沉下心来，努力去做，让心中的杂音寂静，你就会听见成功就在不远处，而且伸手可及。

比尔·盖茨和迈克尔·戴尔是新经济时代富有典型意义的两个财富神话。他们的经历很相似，都中途退学，都成了世界上顶尖的大富豪。也许他们的经历并没有普遍意义，但至少给我们的启迪是：选择你真正喜欢的事业，更容易获得辉煌的成功。

人生往往不是所有路途都是一帆风顺，重要的是发现自己的长处，做出自己的成绩，这样我们才能认清自己，并且充满荣誉感。

人生的择业方向也同样是这个道理，知道自己的长处所在，并且选择自己适合的职业，这样你的职业生涯才会到达自己预期的一个高度。

一个人是否真正认识自己，体现在职业生涯中的关键就是定位问题。个人定位是一个很主观的过程，即使他有正确的观念和方法，仍然容易出错。定位的错误将导致职业生涯的失败，因此，我们必须理解定位中各种可能的错误，为自己做出一个正确的定位。

个人定位中，以为凭借自己特定的能力、素质、专长、吃苦耐劳等要素就可以获得成功，这是走进了专业的误区。比如，你学的是地质外语，这是一个十分冷僻的专业。大学毕业之后，你不愿意放弃自己的专业，而去做普通的翻译，因此就继续就读研究生，以为自己水平提高之后，就能够从事自己的专业。毕业之后，可依然很失望，还是没有合适的岗位。

人才市场需要的是专才。多才的职业者就是试图满足所有的需求，这种定位在卖方市场阶段还是可行的，现在你能够找到这样的工作岗位吗？通才并不是没有，但已经越来越少，越来越没有市场了。事实上，特定的岗位都要求一定的专业知识与技能，使用的也是特定的专业知识与技能，你多余的能力只会干扰你的成功。可见多才也能使你走进误区。

生活中的每个人在择业时，都应该选择自己喜欢和擅长的工作，这样才有可能在自己所从事的领域内取得令人瞩目的成绩。当知道自己在择业时走错了方向，就一定要果断地纠正自己的错误，掉转头朝正确的方向走，这样才会到达理想的目的地。如果明知错了还要继续走，最终就会一败涂地。因此，我们在择业时有一个原则不能变，那就是一定要选择自己最擅长的工作。

争取身边的每一次机会，把握选择的主动权

人人都渴望成功，但是谁都知道成功不是一蹴而就的。成功需要有良好的机遇，同时还必须要付出艰辛的努力。但是还有一个至关重要的因素就是做出正确的选择。成功在于选择得当，如果你能够做出正确的选择，你就与成功有约；选择失误，你就会与成功擦肩而过。下面这个例子就很能说明问题。

齐国的大将田忌很喜欢赛马。有一回他和齐威王约定，进行一场比赛。

他们把各自的马分成上、中、下三等。比赛的时候,上等马对上等马、中等马对中等马、下等马对下等马。由于齐威王每个等级的马都比田忌的强,三场比赛下来,田忌都失败了。田忌觉得很扫兴,垂头丧气地准备离开赛马场。

这时,田忌的朋友孙膑从人群中走出来,拍着他的肩膀,说:"从刚才的情况看,齐威王的马比你的快不了多少呀……"

孙膑还没有说完,田忌看了他一眼,说:"想不到你也挖苦我呀!"

孙膑说"我不是挖苦你,你再同他赛一次,我有办法让你取胜。"

田忌疑惑地看着孙膑:"你是说另换几匹马吗?"孙膑摇摇头,说:"一匹也不用换。"田忌没信心地说:"那还不是照样输!"孙膑胸有成竹地说:"你就照我的主意办吧。"

齐威王正在得意扬扬地夸耀自己的马,看见田忌和孙膑过来,便讥讽田忌:"怎么,难道你还不服气?"田忌说:"当然不服气,咱们再赛一次!"齐威王轻蔑地说:"那就来吧!"

一声锣响,赛马又开始了。

孙膑让田忌先用下等马对齐威王的上等马,第一场输了。

接着进行第二场比赛。孙膑让田忌拿上等马对齐威王的中等马,胜了第二场。齐威王有点儿心慌了。

第三场,田忌拿中等马对齐威王的下等马,又胜了一场。这下,齐威王目瞪口呆了。

还是原来的马，只是重新选择了一下比赛对象，田忌便以胜两场输一场的战果，赢了齐威王。

凡是稍有点文化的中国人，差不多都熟悉这个古老的哲理故事。这个故事蕴含着许多哲理，其中最重要的一条，便是成功在于选择。选择得当，可以变弱为强，可以以少胜多；选择失当，则会错失良机，甚至变利为害。

当今时代如万花筒一般，瞬息万变，它既让人眼花缭乱，又给人无数机会。似孙膑者，借势而起，扬长避短，由弱变强，甚至创造出石破天惊的壮举；似田忌者，空怀雄心，手足无措，错失良机，留下千古遗恨。实际上，初中毕业生、高中毕业生、大学毕业生不都在经历着重大的选择吗？无须动员，无须声张，这悄悄逼近的选择却迫在眉睫。不论是主动的，还是被动的，不论是坚定的，还是困惑的，选择总是势在必行。

既然懂得了选择的重要性，大家在面临各种选择时，一定要采取慎重的态度，力求让自己做出正确的选择。记住，你的人生会因你的选择而改变！

审视自己的选择，
追随着光明的道路走下去

康庄大道，形容平坦宽阔、四通八达的道路，意为美好光明的前途。一想到康庄幸福的大道咱们那颗小小的心中就有东西开始发芽了，继而就想到成功的故事上。看着别人都那么"轻而易举"地成功了，自己的心里是蠢蠢欲动，摩拳擦掌也想要好好创业一番。尤其是有一定能力和技能的人，当在公司地位达到他所认为的高度时，会更期待职位或者地位发生翻天覆地的变化。

一个公司的经理，他善于和客户打交道，并且具有一定的能力。

他认为老板所创造的成就他同样可以拥有,而且老板只是高中毕业还打下了一片江山。因此他离开了公司,希望独自创业。一开始他壮志凌云,认为他很快就能取得成功,但是随着公司的开支增加和他不擅长管理决策导致公司破产,最后他又沦为一名打工族。

路是自己选的,每个分岔口都得细心琢磨,就像开车一样,胆大心细。人生最好不要效仿,但是吸取精华是很有必要的。

水往低处流,人往高处走,这是自然规律。没有人可以绝对肯定你的成功或者失败,也没有人可以随意扼杀你的创意和梦想。当梦想建于现实之上,这会成为理想,但是建立在消极做梦上,那就成了白日梦。并不是说否定你的能力,但是人应该正视自己的环境和自己本身拥有的条件。比尔·盖茨能逃离哈佛大学,成就了自己的软件王国,但是试问:每一个人都能这样成就自己的事业吗?答案是否定的,因为比尔·盖茨只有一个,但是还有阿里巴巴的马云,搜狐的张朝阳,成功的路不是只有一条。俗语道:"条条大路通罗马。"

阿里巴巴的成功案例我们都知道,拥有超过210万中小企业用户,几乎占据中国电子商务市场份额的90%。当时,仅仅一次由阿里巴巴组织的供销会议,世界500强企业就有100多家来光顾采购,70岁的老人和60多个国家有生意往来的例子也比比皆是。王树彤当时把自己想创立敦煌网的方案告诉朋友时,得到的答案是"和阿里巴巴做同样的事情，绝对行不通"。

敦煌网有两种进入模式，一种是专门针对零散的小型用户，就是完全免费的那种；而另一种则是针对有一定规模的企业级用户，和阿里一样也需要交一定的会员费。而客户大多是以后一种方式加入敦煌网的，因为对于客户来说，订单要比信息更为重要，而这正是敦煌擅长的。

王树彤从缝隙找出了自己的康庄大道，她并没有去和阿里巴巴挤一条路，而是在十字路口及时转了个弯。生命是一种缘，刻意追求的东西也许终生得不到，而你不曾期待的灿烂反而会在你的淡泊从容中不期而至。

有一个成功上进的青年，他立志要在画画上有一番作为，于是勤拜名师，不分日夜作画，可是十几年过去了，他的画平淡无奇，没有任何特点。一时间他迷茫了，后来一位了解他的朋友劝他改写作，他答应了。仅仅几年后，他开始在写作上有成就，开始在作家间汲取精华，终于成了一名著名作家。

看看，每个人的成功不仅仅是一条路，成就自己也不单单只有一次机会。说说现在大学生吧，老一辈的父母认为只有读书才有出路，于是辛苦赚钱供自己的孩子上大学。但孩子厌学情绪很严重，甚至对书本产生了恐惧感，于是开始四处寻找出路。我一个同学的孩子只读了中专，当时家里人和朋友对她的前途很不看好，可是她才用了两年时间就自己成立了一家广告公司，一年好几十万的收入。大家现在对她是赞不绝口。

幸福对于每个人来说是不同的概念，而人们对光明的康庄大道也是各有各的想法。选择一条适合自己的路其实蛮难的。就学生来说，在填高考志愿的时候一头雾水，难以选择，因为之前很少去想自己适合什么专业，自己喜欢什么专业；而要出来打工的人们也是一头扎入工作堆里，先养活自己再说；而在打工漂泊的人们也在迷茫他们的人生，期待和别人一样熬出头……

现在大家的幸福指数之所以不高，就是因为人们想拥有的太多，也因为人们不知道到底想拥有的是什么。所以，在人生的十字路口上，最重要的是找一条自己愿意走的路。有时候不一定经历大风大浪才是精彩人生，细水长流同样有它的静美。

康庄大道不只有一条，成功也不只有一个方法，功成名就也不一定是最好的幸福，要好好寻找自己的康庄大道，对别人的康庄大道。看一看瞧一瞧是可以的，收集一些利于自己实现理想的观念和做法是对的，但一味地效仿是走不出同样的潇洒和精彩的。还是静下心来，认真思索自己的康庄大道吧！

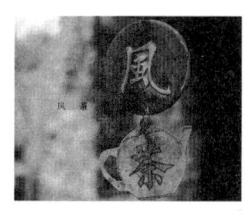

做事分清主次，才能让自己后顾无忧

你不是万能的主，即使是万能的主也需要休息，所以你不可能有那么多精力去同时处理所有事情，你必须要分清事情的轻重缓急，确保将自己的精力放在重要的事情上，然后有时间享受生活，反思自己，才能取得更大的进步。能主动掌控自己的时间和精力的人，才是真正掌控主导权、掌握主动性的人。人生重要的事情就是确定一个伟大的目标，并决心实现它。

19世纪末20世纪初，意大利经济学家巴瑞图提出了一个重要的原理。他认为,一件庞大的事务,其中真正重要的部分只占了整体很小的份额。这个理论又被称为"重要的少数"或"烦琐的多数",也可称为"八二定律"。 生活是复杂的,每个人都有喜怒哀乐,都有亲朋好友,都忍受着无穷的琐事烦扰,完全回避是不现实的。但是,对于一个想干事业的人来说,必须分清事情的主次,哪些是必须要做的,哪些是不需要做的,哪些事关照一下就行,哪些事应该干脆放弃……从而为自己预留下充足的时间和很多的精力来思考更有意义的事情,将目光放在更重要的事情上。也只有撇开繁杂,才有机会看到自己真正想要到达的地方。

在西点军校的赛车训练课上,教练说道:"在赛车时你可能需要眼观六路,耳听八方,但真正最需要关心的一件事,就是当车轮打滑时你要怎么办。"坐在第二排的罗宾想:生活中不也一样吗?总会遇到各种各样的事情,有时我们还真不免会碰上无法掌握的状况呢。教练接着说道:"碰到这种情形要做的其实很简单,那就是把目光放在你想去的方向,可别像大多数人那样一心只想着车子别撞上栏杆。"

当教练说完上述道理后,就对罗宾说:"现在我们要进行车轮打滑的反应实践训练,我这里有一台电脑,按下其中的这个按钮,有一边车轮就会腾空,造成车子失控而乱滑。这时候你可别盯着路旁栏杆,而要盯着希望车子驶去的方向。""没问题,"罗宾满怀自信地说道,"我明白您所讲的意思了。"

头一次驾着车出场,罗宾一路上兴奋不已。随之,教练按下了那个按钮,而车子便开始打滑并失控,你知道此时罗宾的眼睛是盯着何处吗?一点没错,就是路旁的栏杆!眼看着车子就要撞上去,罗宾心里害怕得要命!心里不停地念叨:"别撞上,别撞上。"就在这千钧一发之际,教练迅速把他的头扳向左侧,逼着他盯住应当要去的方向。虽然车子在不停打滑,罗宾也一直担心会撞上栏杆,可他只能硬被教练逼着只看车子应当去的方向。最后,罗宾终于把目光摆对方向,方向盘也能顺势转向。当训练结束时,罗宾停好了车子,重重地吐了口气,同时也深刻地体会到了教练的话:"把目光放在你想去的方向"。

生活中我们常犯的错误就是对害怕发生的事情紧盯着不放,当这样的恐惧占据我们的头脑时,我们会忘记最应该做什么!其实遇到这样的情形很好解决,只要记得提醒自己,将目光放在你要解决的问题上。有一则寓言:

有一只老鼠总想找机会向狮子挑战,来证明自己。有一天它终于有机会了,就要与狮子决一雌雄。没想到被狮子果断地拒绝了。"怎么?"老鼠说,"你害怕了?""非常害怕。"狮子说,"如果我答应你,你就可以得到曾与狮子比武的殊荣,而我呢,以后所有的动物都会耻笑我竟和老鼠打架。"

这则寓言启示我们:你如果与一个不是同一重量级的人争执不休,只会浪费自己的资源,降低人们对你的期望,并无意中提升了对方。同样的,一个人对琐事的兴趣越大,对大事的兴趣就会减少。

为此,威廉·詹姆斯说过:"明智的艺术就是清醒地知道该忽略什么的艺术。"不要被不重要的人和事过多打搅,因为成功的秘诀就是抓住目标不放,永远去做重要的事,而不是把时间浪费在无谓的琐事上。

无论在工作还是生活中,有很多人——特别是没有经验的人,喜欢纠缠在无关紧要的人与事上而不自知,久而久之,就会逐渐陷入平庸之中,碌碌无为。

年轻人之所以更容易被一些无关紧要的事迷住眼睛,是因为以下四个原因:

首先,生活、工作中没有明确的目标。如果没有目标,就无法判断事情的轻重缓急,就无法做出合理的规划去实现目标。所以我们应该根据自身的实际制定生活、工作中的长、短期目标,然后将目光盯在目标上,将精力主要集中在达成目标上,才能像掌舵人一样,不会迷失方向。

其次，不懂得按照事情的轻重缓急组织和行事。根据事情轻重缓急的程度，我们可以将其划分为四大类。

第一类是既重要又紧要的事情，如突发性的重要文件、危机、期限逼近的任务等等。这当然是你需要停下手头的一切事情马上解决的，当然实际上这样的任务并不是很多。

第二类是重要而不紧要的事，如制定计划、充电学习等。这一类的事情是任务的核心。如果你认为这些事情虽然很重要，可因为不是迫在眉睫而避重就轻，迟迟不做，那么这一类的事情就会越积越多。甚至其中的一大部分事件还会转移成第一类事情，成为既重要又紧急的事情。

第三类是不重要但紧急的事情，如临时插入的电话、插入的报告、需要签署的文件等。你如果把这些事情当作工作重点，你就会被这些琐事所左右，分散你的精力，当然这些工作也不能不做，问题的关键在于精力的分配。

第四类事情专指那些不重要也不紧要的事情，如某些电话、邮件、临时的不必要的聚会等，如果把时间浪费在这些事情上，实际上是在浪费时间，小有成就的人会努力避开第三、第四类事情，他们还会尽量缩小第一类事情的工作量，把较多的时间用在第二类事情上。

认为只有第二类工作才是最容易出成果的,而且可操作性更强,更容易控制。

再次,不会制定生活、工作规划。生活、工作规划可分为长期、短期和每日规划。长期规划指超过一个星期、三个月内必须完成的事。短期规划以周为单位,列出未来一周要完成的工作或事情,以及完成这些工作或事情的行动细节。每日规划是规划的最高境界。把每天要做的工作或事情列成一份清单,排定其优先顺序,每完成一样,就把它从清单上划掉,如果发生临时状况,要评估其重要性,再依序处理。每一天结束,检查一下完成了哪些事,还有哪些尚未处理,再依据其重要性,排入明天的计划中。这样,更有利于你将注意力集中在那些重要的事情上,并努力完成它,而不再埋首于毫无意义的琐事之中。

最后,缺乏主动性和积极进取的精神。很多人在面对重要的事情时,往往会出现畏难发愁的心理,这样就会不自觉地逃避和拖延。还有些人企图去做那些无关紧要的轻松而容易做的事情,还把自己搞成一副忙碌的样子,来逃避心灵上的自我谴责,而不是积极主动地迎接挑战,正视那些重要的事情,并努力做好它。

如果你觉得自己是一个不会掌控时间、不会把握主动权的人,那么你可以对照以上几个方面,对自己进行自我检查,不论你是否染上喜欢在无关紧要的人与事上浪费精力的恶习，都应该努力按照下面几点去做：

确定长、短期目标，并写下来，贴在自己经常能看到的地方，时刻提醒自己，不要忘了目标，偏离航向。

排定优先顺序，永远先去做重要的事。在排定优先顺序之前，你必须先确定自己的核心需求，也就是说，在生活、工作中，哪些事对你而言是最重要的，在这些重要事件中，你把哪一样摆在第一位。只有确定了自己的核心需求后，你才能合理有效地排定你日常生活、工作中事情的优先顺序。

排定顺序有两个步骤，一是把所有必须完成的事情列出来，二是依照事情的重要性加以分解，排定完成顺序。一般可以分为A、B、C三级。A级代表"一定完成"，是最重要的事情，非做不可；B级代表"应该完成"；C级代表"最好去做"，事情不是很重要，若有多余的时间可以处理。

排定了优先顺序，你就可以集中精力去做重要的事，这样被无关紧要的事情浪费时间的可能性就大大减少了。

正确处理突如其来的干扰。对于突然插进来的无关紧要的电话、文件以及其他事情，你要敢于说"NO"，或者暂时放到一边，之后选择一个合适的时间处理。如果是属于你责任范围内的和你有切身关系的干扰，你应该立即处理一下，除非时机不对。

专事专办。在你做一些重要的事时，你应专门留下一个时间段，这个时间段内你的精神是一天中最好的，精力是一天中最充沛的。在这个时间段内，要尽量避免遭受干扰，以便发挥你最佳的处理事情的状态。

每做完一件重要的事情，要奖励自己一次。比如，给自己买一件纪念品，或者吃一顿好饭，达到激励自己的目的。这会增强你的自信心和主动性，培养做重要事情的习惯。按照上面几点去做，即使你是一个容易被无关紧要的事情纠缠的人，也会慢慢改掉不良习惯，敢于正视困难，主动去做重要的事。你只有不在无关紧要的人或事上浪费精力，才会把精力投入到做重要的事情上。请记住：你是一只狮子，别理睬老鼠。

坚持自己的路，
就会有属于自己的天地

名震世界的男高音歌唱家帕瓦罗蒂，就是因正确的人生选择而极大地向人们展示了他歌唱方面的才华。

帕瓦罗蒂1935年出生在意大利的一个面包师家庭。他的父亲是个歌剧爱好者，他常把卡鲁索、吉利、佩尔蒂莱的唱片带回家来听，耳濡目染，帕瓦罗蒂也喜欢上了唱歌。

小时候的帕瓦罗蒂就显示出了唱歌的天赋。

十七岁时，帕瓦罗蒂的父亲介绍他到"罗西尼"合唱团，他开始随合唱团在各地举行音乐会。他经常在免费音乐会上演唱,希望能引起某个经纪人的注意。可是,近七年的时间过去了,他还是无名小辈。眼看着周围的朋友们都找到了适合自己的位置,也都结了婚,而自己还没有养家糊口的能力,帕瓦罗蒂苦恼极了。偏偏在这个时候,他的声带上长了个小结。在菲拉拉举行的一场音乐会上,他就好像脖子被掐住的男中音,被满场的倒彩声轰下台。

失败让他产生了放弃的念头。

这时冷静下来的帕瓦罗蒂想起了父亲的话,于是他坚持了下来。几个月后,帕瓦罗蒂在一场歌剧比赛中崭露头角,被选中于1961年4月29日在雷焦埃米利亚市剧院演唱著名歌剧《波希米亚人》,这是帕瓦罗蒂首次演唱歌剧。演出结束后,帕瓦罗蒂赢得了观众雷鸣般的掌声。

第二年,帕瓦罗蒂应邀去澳大利亚演出及录制唱片。1967年,他被著名指挥大师卡拉扬挑选为威尔第《安魂曲》的男高音独唱者。

从此,帕瓦罗蒂的盛名节节上升,成为活跃于国际歌剧舞台上的最佳男高音。当一位记者问帕瓦罗蒂成功的秘诀时,他说:"我的成功在于我在不断的选择中选对了自己施展才华的方向,我觉得一个人能否体现出他的才华，关键在于他要选对人生奋斗的方向。"

我们每个人面对困难，都或多或少抱怨过自己曾经做出的选择。但是谁也不会知道，命运之神会在哪一时刻眷顾自己。帕瓦罗蒂的故事正好让我想起了一句歌词，"没有人能随随便便成功"。是啊，人生既然已经做出了选择，就要朝着自己选择的方向去拼搏、去努力。即使失败了也不要失落，不要气馁，不要盲目质疑自己的路，坚持下去才会有属于自己的天地。

玛丽娅·斯可罗多夫斯卡娅，即著名的居里夫人，被誉为"镭的母亲"。

居里夫人注意到法国物理学家贝克勒尔的研究工作。自从伦琴发现X射线之后，贝克勒尔在检查一种稀有矿物质——铀盐时，又发现了一种铀射线，朋友们都叫它"贝克勒尔射线"。

贝克勒尔发现的射线，引起了居里夫人的极大兴趣，射线放射出来的力量是从哪里来的？居里夫人看到当时欧洲所有的实验室还没有人对铀射线进行深入研究，于是决心闯进这个领域。

理化学校校长经过皮埃尔多次请求，才允许居里夫人使用一间潮湿的小屋做理化实验。在6摄氏度的室温里，她完全投入到铀盐的研究中去了。

居里夫人在研究铀盐矿石时想到，没有什么证据可以证明铀是唯一能发射射线的化学元素。她根据门捷列夫的元素周期律排列的元素，逐一进行测定，结果很快发现另外一种钍元素的化合物也能自动发出射线，与铀射线相似，强度也相像。居里夫人认识到，这种现象绝不只是铀的特性，必须给它起一个新名称。居里夫人提议叫它"放射性"，铀、钍等有这种特殊放射功能的物质，叫作"放射性元素"。

一天，居里夫人想到，矿物是否有放射性？在皮埃尔的帮助下，她连续几天测定能够收集到的所有矿物。她发现一种沥青铀矿的放射性强度比预计的强度大得多。

经过仔细的研究，居里夫人不得不承认，用这些沥青铀矿中铀和钍的含量，绝不能解释她观察到的放射性的强度。

这种反常的而且过强的放射性是哪里来的？只能有一种解释：这些沥青矿物中含有一种少量的比铀和钍的放射性作用强得多的新元素。居里夫人在以前所做的试验中，已经检查过当时所有已知的元素了。居里夫人断定，这是一种人类还不知道的新元素，她要找到它！

居里夫人的发现吸引了皮埃尔的注意，居里夫妇一起向未知元素进军。在潮湿的工作室里，经过居里夫妇的合力攻关，1898年7月，他们宣布发现了这种新元素，它比纯铀放射性要强400倍。为了纪念居里夫人的祖国——波兰,新元素被命名为钋(波兰的意思)。

1898年12月,居里夫妇又根据实验事实宣布,他们又发现了第二种放射性元素,这种新元素的放射性比钋还强。他们把这种新元素命名为"镭"。可是,当时谁也不能确认他们的发现,因为按化学界的传统,一个科学家在宣布他发现新元素的时候,必须拿到实物,并精确地测定出它的原子量。而居里夫人的报告中却没有钋和镭的原子量,手头也没有镭的样品。

居里夫妇决定拿出实物来证明。当时,藏有钋和镭的沥青铀矿,是一种很昂贵的矿物,主要产在波希米亚的圣约阿希母斯塔尔矿,人们炼制这种矿物,从中提取制造彩色玻璃用的铀盐。对于生活十分清贫的居里夫妇来说,哪有钱来支付这件工作所必需的费用呢?他们的智慧补足了财力,他们预料,提炼出铀盐之后,矿物里所含的新放射性元素一定还存在,那么一定能从提炼铀盐后的矿物残渣中找到它们。经过无数次的周折,奥地利政府决定馈赠一吨废矿渣给居里夫妇,并答应若他们将来还需要大量的矿渣,可以在最优惠的条件下供应。

居里夫妇的实验室条件极差,夏天,因为顶棚是玻璃的,里面被太阳晒得像一个烤箱;冬天,又冷得人都快冻僵了。居里夫妇克服了人们难以想象的困难,为了提炼镭,他们辛勤地奋斗着。居里夫人每次把20多公斤的废矿渣放入冶炼锅熔化，连续几小时不停地用一根粗大的铁棍搅动沸腾的材料，而后从中提取仅含百万分之一的微量物质。

他们从1898年一直工作到1902年，经过几万次的提炼，处理了几十吨矿石残渣，终于得到0.1克的镭盐，测定出了它的原子量是225。

镭宣告诞生了！

居里夫妇证实了镭元素的存在，使全世界都开始关注放射性现象。镭的发现在科学界爆发了一次真正的革命。

居里夫人以"放射性物质的研究"为题，完成了她的博士论文。1903年，居里夫人获得巴黎大学的物理学博士学位。同年，居里夫妇和贝克勒尔共同荣获诺贝尔物理学奖。

这个故事讲述了居里夫妇发现镭元素的经过。其中他们面对的艰辛与坎坷，超乎了常人的想象。现在的人面对发展变革的浪潮，多少会急功近利，妄想一夜成名，但是事情的发展却总是按部就班的，只有一步一个脚印，努力钻研，坚持走自己的路，才会有属于自己的天地。往往能站得更高，走得更远的人，也承受着常人无法想象的艰难险阻。

以居里夫妇的成功来看，假如0.1克的镭是成功，那么几十吨矿石残渣和日夜的艰辛实验就是他们面对的艰难险阻。其中不可控制的心理因素有焦虑、失落、盲目、挫败感等等。

但是居里夫人战胜了艰难险阻,最后得到的成果,造福了整个人类。如果要实现我们心中的目标必须要经过一条长远而艰辛的路,那么请大家从现在开始不要焦虑,不要失落,不要盲目,珍惜自己的选择,认真执着地付出,你的人生最终会因为坚持自己的选择而大放异彩。

第四章
世界很浮躁，静心有门道

这个世界本来就是浮躁的。想在变幻莫测而又充满诱惑的世界中心存禅意，坚持自我，修炼自己的内功实在是难上加难。

当眼前的浮云遮挡住了我们锐利的目光，当弥漫的阴霾吞噬了我们的心灵，当我们在急功近利的年代迷失了自我，是什么能让我们坚持自我，看淡得失，怡然自得？

世界如此浮躁,我们该何去何从?我们如何不迷失自我,如何用平和的心态去面对生活,如何才能以坚毅的信念到达成功的彼岸?

答案其实很简单。那就是保持清醒的头脑,理性去分析事物,然后做真实的自己。以理想为帆,以理性为舵,以毅力为桨,以定力为锚,拒绝盲目,坚持自我,心怀感恩,成功的彼岸才会不再遥远。

**盲目跟风的结果，
就是找不到自己**

"盲目"这个词在当今社会来说，具有普遍适用性。我们总是在盲目地做着一些无关紧要的事情，却把自己累个半死，遍体鳞伤。事后还怨天尤人，恨自己没抓住机遇，恨自己生不逢时。

我们眼前有太多这样那样的例子来说明这些类似的问题。试问为什么世界变得盲目了？答案似乎只有一个！那就是看到了别人的成功，自己因为感到不平衡，从而急功近利，盲目效仿。比方说，有人看到别人炒股赚钱了，自己也急急忙忙去炒股；看到别人收藏的藏品升值了,自己也急急忙忙去古玩市场淘宝;看到别人跳槽加薪了,自己也急急忙忙满世界投简历;看到别人的房子升值了,开上豪车了,自己就郁郁寡欢、闷闷不乐。

有一个古老的故事,与我们所谈的主题有异曲同工之妙。

战国时,赵国都城邯郸的人以走路姿势优美而著称。有个外国人来到邯郸,要学习他们如何走路。他发现满街的人走路各异,就见一个学一个。结果,他什么都没学会,连自己原先是如何走路的都忘了,只好爬着回去。

这个故事就是成语"邯郸学步"的由来,它告诉我们,做任何事情都要有一个正确的方向做指引,盲目的努力,有时等同于不努力,甚至还会出现如杰克·伦敦所说的:"盲目的努力不但不会得到预期的效果,得到的只能是苦果。"

当你选择了人生的理想之后,如果你不能辨清前进的方向,那么你的努力一定是盲目的,而盲目的努力不仅不会得到预期的效果,甚至还会为之付出惨重的代价。

古代有一个人,看见邻居在河岸边建了一座小楼,十分羡慕。

一天,他看中了沙滩上的一块地,决定在那里盖一座小楼。别人告诫他在那里盖楼是会倒塌的,可这个人仍然坚持。

为了实现自己心中所谓的梦想,他变卖了自己所有值钱的东西,买来了盖楼所需的材料。接下来他开始了自己的行动,他十分努力,夜以继日地埋头苦干,过了几个月后,一座十分漂亮的小楼果然盖起来了。

正当他站在不远处欣赏自己的"杰作"的时候,"杰作"却突然间倒塌,成为废墟。

盖房子本来是件好事,谁家都想拥有一个好房子。可是错误就错误在他盲目地选择了建造房子的地址。最终他努力的结果也成了一片废墟。盲目的选择,必然导致盲目的努力;而盲目的努力,得到的只能是苦果。

下面的这则寓言,能让人们进一步得到警示。

一条生活在溪流里的鱼,有一天它选择去大海来实现自己的生命价值。它的同伴们对它的这一选择都十分羡慕,并纷纷来向它表示祝福。

可这条鱼却逆流而上,同伴们发现这一情况后,都来告诉它大海的方向应该在下游。可它根本听不进去同伴的提醒,一直努力地向上游游去。

它努力地游啊游,它的游泳技术很好,头脑也很机敏,它穿过了渔民们布下的一道道渔网,也逃过了大鱼吞食的嘴巴,一会儿冲过浅滩,一会儿穿过激流。穿游过了一个又一个危险地带,穿过了山涧，挤过了石滩。当它有一天游上了高原的时候，才发现自己的努力白费了。在它准备转身向下游的时候，寒冷的高原气候，已经冻僵了它的身体，不一会它就被冻死在了那里。

有人为它的行为喝彩，说它是一条勇敢的鱼，它逆行了那么远、那么长、那么久，它应该是一位"英雄"。

然而还有人说：它虽然称得上勇敢，但只有伟大的精神却没有一个正确的方向，它没有遵从自然规律，一意孤行，虽历尽了艰辛，得到的结果却只能是死路一条。

成功必然需要努力，但必须在选择正确的前提下，努力才会使梦想成为现实。否则，就会像那条鱼一样，不但不能成功，反而会付出惨重的代价。

在我们的生活中，因为盲目的判断、盲目的选择、盲目的行动，而自食苦果的人比比皆是。有时候，生活中多一点点理性的分析，多一点点科学的规划，是我们通往成功的重要保障。阅读了上述的故事，相信谁也不想因为学习优美的步伐而忘记了如何走路；谁也不想因为错误的选址让自己的房子轰然崩塌；谁也不想成为那条把自己逼上绝路的鱼。盲目的结果只有迷失自己。其实每个人的生命中难免会遇上盲目的抉择，但是重要的是能够珍爱自己，迷途知返。

可是说了半天，我们怎么才能不盲目呢？答案其实很简单。那就是保持清醒的头脑，理性去分析事物，然后做真实的自己。以理想为帆，以理性为舵，以毅力为桨，以冷静为锚，拒绝盲目，坚持自我，成功的彼岸才会不再遥远。

心态放平和,
眼界才能更开阔

马斯洛说过:"心态若改变,态度跟着改变;态度改变,习惯跟着改变;习惯改变,性格跟着改变;性格改变,人生就跟着改变。"

美国哲学家和心理学家詹姆斯·艾伦曾在他的书中这样写道:"没有思考,一个人不可能行动。"对此他解释道:"一个人的内心思考、内心状态会影响他的外在行为。"

世界游泳冠军摩拉里在他很小的时候,他就非常喜欢看体育节目。当他看奥运会的时候,激发了他的追梦情怀,心中就有了属于自己的梦想，他立志也要当世界冠军。终于在1984年，他等到了一个机会。他在自己擅长的游泳项目中，成为全世界最优秀的游泳者，他满怀期待、踌躇满志地去参加了洛杉矶奥运会，他觉得自己终于有机会实现自己的冠军梦了。可惜的是，他只拿了亚军，冠军的梦想并没有实现，这对他是一个不小的打击，但他却没有放弃。他重新回到现实中，回到游泳池里，又开始投入到实际的训练中。他相信自己可以做到，只要自己努力了。于是他比原来更加刻苦地训练，因为这一次他给自己定的目标是1988年韩国汉城的奥运会金牌。可是天不尽人意，他的梦想在奥运预选赛时就烟消云散，他竟然被淘汰了。经过这次失败的挫折后，摩拉里有些支撑不住了，他开始有些怀疑自己，变得很沮丧。经过一段时间的考虑后他决定把这份梦想深埋心中，就跑到康乃尔去念律师学校。有三年的时间，他很少游泳。可是他心中始终有股烈焰，他无法抑制这份渴望，他仍旧不死心，相信自己可以，而且也相信经过这几年的调整，他又有了一个良好的心态去面对曾经的自己的战场。于是，在1992年巴塞罗那奥运会比赛前不到一年的时间，摩拉里决定再试一次。在这项属于年轻人的游泳赛中，他算是高龄，他的这种积极的精神在别人眼中简直就像是拿着枪矛戳风车的现代堂吉诃德，他想赢得百米蝶式泳赛的想法简直愚不可及。

对摩拉里而言，这也是一段悲伤艰难的时期，因为他的母亲因癌症而离世了。她将无法和他一起分享胜利的成果，可是追悼母亲的精神加强了他的决心和意志。令人惊讶的是，摩拉里不仅成为美国代表队成员，还赢得了初赛。他的纪录比世界纪录慢了一秒多，在竞赛中他势必要创造一个奇迹。

加强想象，增加意象训练，不停地训练，他在心中仔细规划着赛程。直到后来，不用一分钟，他就能将比赛从头到尾仔细想过一遍。他的速度会占尽优势，他希望能超越自己的竞争者，一路领先。预先想象了赛程，他就开始游了，而且最终他成功了。那一天，他真的站在领奖台上，看着星条旗冉冉升起，美国国歌响起，颈上挂着令人骄傲的金牌。凭着他的积极心态，摩拉里将梦想化为胜利，美梦成真。

作为一名优秀的运动员，真正竞争，除了身体技巧层面的竞争，更是心态上的一种搏斗。只有心态放平和，视野才会更加开阔。

在如今的这个世界，人所处的困境或者说是绝境，在很多情况下，都不是生存层面上的，而是一种精神层面的；如果你在精神上不会垮下来，外界的一切都不能把你击倒。从这种观点来看，通常人们面对的最大敌人，其实不是你的对手有多强大，而是自己是否能够战胜自己的内心，如何保持一种积极、乐观的心态。

事实上也的确如此，人的行为常常由心态来决定。有什么样的心态就会有什么样的结果。保持一种积极的心态，乐观地看待每一件事。即使失败也要淡然处之，因为我们还有机会面对下一次向成功的冲刺，积极调整自己的心态，失败的经历只不过是通往成功的新的开始。

汤姆从事的是餐饮行业，也许是因为从事的职业的关系，他总是一个乐观的人，时刻拥有一份好心情，总会说些积极的话鼓励自己和别人。因为他的乐观情绪的感染，总是有几个服务生追随着他从一个餐厅到另一个餐厅，因为他天生是个善于激励别人的人。如果一个雇员这一天过得不开心，汤姆就会告诉他怎样看待事情积极的一面。当有人问他是怎么做到的，汤姆回答说："每天早晨我醒来时会和自己说，'汤姆，今天你有两个选择。你可以选择有个好心情或者你可以选择有个坏心情。'我当然选择好心情。每当发生坏的事情时，我可以选择当受害者或者我选择从中学到一些东西。每当人们向我抱怨的时候，我可以选择接受他们的抱怨，或者我可以指出生活中积极的一面。我要选择生活中积极的一面。"

汤姆说："生活就是不停地选择。前提就是看你自己究竟想要什么样的生活。当你忽略了旁枝末节时，每个条件就是一个选择。

你可以选择如何应对形势;你可以选择别人是否会影响到你的心情;你也可以选择拥有好心情或坏心情。"

后来,汤姆遇到了一件事,差点丢了自己的性命,可是他却凭着自己惯有的坚强和积极的心态活了下来:一天早晨,他忘记关后门,三个持枪劫匪乘机闯进店用枪顶着他的脑袋,命他打开保险箱。在开保险箱时,他的手由于紧张而颤抖,没能打开保险箱。歹徒们慌乱中向他开了枪,然后逃走了。

幸运的是,汤姆及时被人发现并送往当地的急救中心进行抢救。经过18个小时的手术和几周的重症看护,汤姆终于可以出院了,但子弹的碎片却留在了他的身体里。

后来,他的一个朋友问他出事时是怎么想的,他回答道:"我想到的第一件事就是我本该锁好后门的,然后,当我躺在地板上时,我只给自己两个选择,事实上也只有这两个选择:我可以选择生存,我也可以选择死亡。当然,我选择了生存。"

"你不是受伤了、失去意识了吗?"朋友问道。

汤姆继续说:"护理人员真是太好了,太伟大了。他们一直不停地告诉我我会好的,没事的。但是当他们把我推到手术室,我看到医生和护士脸上的表情时,我真的很害怕。从他们的眼神里,我读出这样的信息:'他是一个死人'。我知道我需要做些什么了。"

"你做了什么?"朋友问。

"哦,有一个很漂亮、很亲切的护士大声地问我问题。也许她觉得我那时已经听不太清楚了。"汤姆说,"她问我是不是对什么东西过敏。'是。'我回答。医生和护士都停止了手上的工作,看着我,等着我的回答。我做了一个深呼吸,大声叫道:'是子弹!'"

他们都笑了起来,笑声过后,我告诉他们:"我选择活下来。给我动手术吧,就当我是活着的,而不是死去了。"

汤姆就这样活了下来,既是医生精湛的医术救了他,也是他那惊人的生活态度救了他。

我们应该从他身上学到每天都要充实地生活。因为,心态决定一切。你想过有意义的人生,想实现自己的目标,你就会为之努力,把不可能变成可能。如果你认为自己没有天赋,或者命中注定不会有什么大成就,也许你就会自暴自弃,不去争取,不去拼搏,结果,你当然就是庸庸碌碌地度过一生。

怎样度过自己的一生,完全在我们自己。不同的心态,不同的命运,取决于自己的选择。

但是拥有好的、积极的心态,并不等同于冲动的、不冷静的行为和决断。成功固然需要勇气和信心,它有助于我们去面对所处的困难和挑战,调动起我们一切的能力。然而,当我们对某件事做决断时,一定要调整心态,使心态处在平和宁静的状态,这才能有助于我们冷静地下判断,做出正确的决定。此时我们不需要勇气,只需要把心态调整到一种恰当的状态。这是一种什么状态呢?就是心平气和、不急不躁的和谐状态——既不自卑也不盲目自信,既不犹豫也不冒进。只有在这种心态之下,我们才能敏锐地观察出客观问题的特点,才能准确地判断出事情的变化,才能够真正地做出正确的决策。一个积极的心态,必须是平和的,遇事不惊不躁,理智处理。否则,结果会很不如人意。

有一位司机,平时干活任劳任怨,争为人先,为人也挺仗义,是一个不错的小伙子,但就是心态不好,遇事太急躁,开起车来左蹿右蹿,非常快。如果有红绿灯,他总是等得很不耐烦。到公司不久,同事便发现了他的这一特点。对他说:"你的心太急,要多注意一点,否则要出事。"

果不其然,没过多久,他开车追尾了。刚开始,他怀疑刹车系统有问题。于是,他到修理厂将刹车系统彻底检查了一遍,结果是毫无问题。其实,这并不是车的问题,而是他心态的问题,他急躁的心态影响了他对车速和车距的判断。由于这小伙子除了这一个毛病之外,实在不错,领导不忍心就这样让他走,就把他请到办公室谈了谈心,并告诉他心态影响了他的认识和判断,希望他能调整自己的心态，如果不调整，会很危险，有可能危及自己的生命。

然而，没想到这次追尾刚过去一个月，他又一次追尾了，情况比上一次还要严重。领导很是无奈，他也十分内疚，说他控制不了自己的心态，并主动从公司辞了职。

当我们的人生遇到问题之时，我们就更应该控制好自己的心态，否则，就会对客观情况的变化视而不见、听而不闻，就会抓不住问题的症结所在，就会把内心的判断误认为是客观的现实。如此一来，我们就不能真正地去审时度势，就会对情况做出错误的判断，采取错误的行为，导致我们的人生陷入更大的困境之中。我们只有拥有平和的心态，正视自己，正视所遇到的事情，从容地面对当时的一切，不慌不乱，才能帮助自己，走出困境，改变命运。

那么一个人怎样才能培养积极的心态呢？首先要从细节处开始，从生活中的点点滴滴开始。

首先，尽量昂首挺胸走路。人的肢体行动能够显示一个人的精神状态。一个人走路昂首挺胸，显得朝气蓬勃，充满自信，谁还会怀疑他走向成功的能力呢？即使困难重重，但他那昂首挺胸的样子，一定会让人相信他会积极地走出困境并最终取得胜利的。

然后，将你的步伐加快。心理学家认为，懒散的姿态和缓慢的步伐与一个人的心理状态有极大的关系，表明了他对待自己、工作以及他人的一种消极和不愉快的态度。心理学家还告诉我们：可以通过改变你的姿势，加快你的走路频率从而达到改变你的态度、心理的重要目的。因为加快你步伐的频率，显得步伐敏捷，好像处在竞走中的冲刺阶段，仿佛向世界宣告：我要到一个重要的地方，去做一件非常重要的事，而且我将会在短期内取得成功。这样可以树立你的自信心，培养你积极的态度。

最后，每天至少赞美自己一次。行为学家们曾做过无数次的试验来证明赞扬的重要性。他们认为，人们总是趋向于重复那些能够获得激励性结果的行为。

美国钢铁公司第一任总裁史考伯说："我在世界各地见过许多大人物，还没有发现任何人——不论他多么伟大，地位多么崇高——不是在被赞美的情况下，工作成绩更佳、更卖力。"

所以，无论生活的剧本为我们怎样安排，我们都要以积极的心态去面对。昂起我们的头，挺直我们的胸膛，这样我们才能拥有更高的视野去观察世界，坚持相信，我们可以积极地把握我们的命运。

做事情心中要有几分定力

"定力"是佛家语,有佛学家言:"定学的修持意在培养人之定力。有定力的人,正念坚固,如净水无波,不随物流、不为境转,光明磊落,坦荡无私;有定力的人心地清净,不被假象所迷惑,不为名利而动心。定学修持到一定程度自然开慧。"

定力不光对参佛有用,对我们做人、做事都有非常大的作用。众所周知,社会是个大染缸,我们所取得的任何成功都来不得半点虚假,要力戒浮躁。现在有不少人生活得很现实,经不起诱惑,耐不住寂寞，凡事斤斤计较，急于求成，急功近利，总是这山望着那山高，这样就很难修成正果。

在物欲横流的社会里，我们小到学成一门技艺，大到成就一项事业，无不需要定力来完成。学文者要靠定力，方可耐得住寂寞，经得起挫折；习武者要靠定力，方可冬练三九，夏练三伏，成为一代宗师。想要拥有气场者，也需要定力，有了过人的定力，方可气定神闲，遇事沉着不乱，成为众人的主心骨，成为企业、家庭的顶梁柱，散发出卓尔不群的气场魅力。

俗话说："从善如登，从恶如崩。"要想赢得众人的好评，多做善事塑造良好形象是必不可少的。"低头只见水中天，退步原来是向前"，沉下心来，埋头苦干，认认真真做事，踏踏实实做人，宁可速度慢一点，也要步子稳一点。拥有定力就可以达到虽慢犹得，没定力就会欲速不达。

我们需要定力，我们追求定力，我们依靠定力，正如老子所追求的"胜人者力，自胜者强"的境界一样，我们应该有水滴石穿的坚持不懈、任尔风吹浪打我稳坐钓鱼台的精神和定力。

"沧海横流，方显英雄本色"，物欲横流，更见定力可贵。现实社会中，定力突出表现在我们应对快慢、张弛、紧疏、得失、成败、忙闲时的种种抉择中。大多数人都在为自己的成长进步提升能力，增强动力,加速追赶。然而,成长中却没有快车道,进步没有高速路,在崎岖坎坷的成长道路上,我们更需要坚守定力,退去浮躁,踏实、平稳地把人生之船驶向远方。

一个人要想有强大的定力,需要许多基本条件配合,包括体能、心能和灵能,也就是身、心、灵的能量都要有。内练精气神,外练筋骨皮,内外都兼顾,这样,人的气场就会大增,看到的东西、体会的道理和感悟的境界都会不同。

所以,定力的获得是综合修炼的结晶,身心齐修,也就是既修体能,兼修智慧、心识和气度。把生命内涵中的物性、感性、理性、觉性、灵性等各个层次进行锻炼,就能出乎其外,入乎其内,即使是大浪滔天也迷惑不了自我的心智。一旦你拥有了这样的定力,你就是一个内心强大的人了。

有这样一个故事。

有个老先生和他女儿住在一座远离村庄的山上。一个严冬的夜晚,风雪交加,父女俩睡得很沉。忽然,小屋的门开了,两个小偷蹑手蹑脚地潜了进来,在屋子里四处翻找东西。可惜,只找到两包稻米。当他们背起米向门外走去时,老先生突然醒了。

看到这两个人,老先生很平静地说:"外面风雪这么大,两位半夜来造访,赶紧进来喝一杯热茶吧!"两个小偷听了,心想:老先生明知我们是小偷，为何对我们这么好？早就听说他是个傻瓜，果真不假！

老先生又亲切地招呼说："进来啊！外面这么冷。"这两个小偷更加确信，他是个痴呆老人，于是大摇大摆地走进屋里。老先生又唤醒女儿，要她烧水泡茶。

老先生对小偷说："实在很不好意思，这么冷的天气还劳驾你们来到这里，感谢你们！"

小偷听了觉得莫名其妙，忍不住问道："老先生，你知道我们来这里做什么吗？"老先生说："知道！但是很抱歉，我虽然有两分多的田地，可是今年歉收，总共才收了这两包米。过去欠你们的，原本就应该还，劳驾你们跑这么远来拿，真的很感恩你们！"说话之间，老先生的女儿端了热腾腾的茶过来，老先生依然淡定地招呼他们喝茶。

此刻，两个小偷被老先生的气定神闲的气度深深折服了，惭愧地说："村里盛传老先生是诚恳待人的大好人，而我们却以为您是傻瓜，实在很惭愧！"老先生依然一脸安详。老先生从内心流露出来的坦然淡定，让小偷很感动，心想：老先生处事泰然，具足定力，内心的修养一定很深厚。于是叩头礼拜说："您的品德这么崇高，我希望能拜您为师，恳请您慈悲接受！"

老先生淡然一笑，谦虚地说："我和你们一样还在学习中，我们一起来学，相互鞭策鼓励吧！"两个小偷决心改过向善、尊师奉道，很恭敬地拜老先生为师。

从这个故事中，我们可以看到，一个具有定力的人，这种气场使得小偷大为震撼，迷途知返，改过自新。

人生在世，患难沉浮，在纷繁复杂的社会长河中，倘若我们能拥有有事常如无事时的镇定，持身如泰山九鼎的凝然不动的定力，那么强大的定力就能帮助我们终结被浩荡的社会潮流所裹挟而迷失的悲剧，不仅如此，还会赋予我们别人无法企及的解决问题的能力。

皮浪是古希腊怀疑派哲学家。有一次皮浪在船上遇到风暴，他的弟子和同船的人都很害怕，他们担心风暴会将船吞噬在茫茫的大海。于是有的人开始找绳子和木头，系在自己的腰间，希望在船沉没后获救；有的人紧握船舷，找寻着跳船后游泳的方向；有的人开始检查自己的水壶，看看有没有足够的淡水。就在这时，皮浪他发现，在夹板一侧的一头猪还在津津有味地吃着东西。于是皮浪指着船上的猪，大声疾呼说："聪明人应该像这猪一样不动心。"

众多哲人的智慧不如一头猪吗？也许大家见了这个问题都会发笑，但是皮浪在这头猪身上发现的真正智慧就是我们所说的"定力"。

生活中我们难免遇到困难或者危机。但是真正解决问题的确是我们内心的强大定力。没有了定力，我们就会因恐慌而胡思乱想，乱作一团。拥有定力，会在我们烦恼和动摇的时候内心宁静，坚持自我，找到问题的突破口。

要经得住诱惑，
才能收获更多

古人说，势不可使尽，福不可享尽。权势过高，物极必反，所以要忍权势，不要过分贪恋高官厚禄。这里讲的正是想要担当更重的责任，就要经得住各种各样的诱惑。

一天早晨，父亲做了两碗荷包蛋面条，一碗上边有蛋，一碗上边无蛋。端上桌，父亲问儿子："吃哪一碗？"

"有蛋的那一碗！"儿子指着卧蛋的那一碗。"让爸爸吃那碗有蛋的吧。"父亲说，"孔融7岁能让梨，你10岁啦，该让蛋吧？""孔融是孔融，我是我——不让。""真不让？""真不让。"儿子一口就把蛋给咬了一半。"不后悔？""不后悔。"儿子说罢又是一口，把蛋吞了下去。待儿子吃完，父亲开始吃。没想到父亲的碗底藏了两个荷包蛋，儿子傻眼了。

父亲指着碗里的荷包蛋告诫儿子说："记住，想占便宜的人，往往占不到便宜。"

第二天，父亲又做了两碗荷包蛋面条，一碗蛋卧上边，一碗上边无蛋。端上桌，问儿子："吃哪碗？"

"孔融让梨，我让蛋。"儿子狡猾地端起了无蛋的那一碗。"不后悔？""不后悔。"儿子说得坚决。可儿子吃到底，也不见一个蛋，倒是父亲的碗里上卧一个，下藏一个，儿子又傻了眼。

父亲指着蛋教训儿子说："记住，想占别人便宜的人，可能要吃亏。"

第三天，父亲又做了两碗荷包蛋面条，还是一碗蛋卧上边，一碗上边无蛋。父亲又问儿子："吃哪碗？"

"孔融让梨，儿子让面——爸爸您是大人，您先吃。"儿子诚恳地说。

"那就不客气啦。"父亲端过上边卧蛋的那碗，儿子发现自己碗里面也藏着一个荷包蛋。

其实，人的一生要经受各种各样的诱惑。父亲在面条里藏的荷包蛋，让儿子来选，本是一件生活中的趣事儿，却折射了无限的人生哲理。

我们每个人都不想吃亏，摆在眼前的荷包蛋，可能除了对鸡蛋过敏的人，我们每个人都想吃上一口。这就是摆在我们眼前的利益或者说是诱惑。通过几次父亲的耐心引导，孩子终于明白了一个道理，那就是即使眼前便宜占尽，也许到头来却失去得更多。

唯有不计较吃亏的人，才会真正有福。自古就有"吃亏是福""吃一堑长一智"的说法。但对于其中的道理似乎有很多人还没有真正理解，或者只是表面上一知半解，而实际行动起来却大打折扣。

吃亏，虽然意味着舍弃与牺牲，但也不失为一种胸怀、一种品质、一种风度。贪心的人，总是费尽心思去算计别人，在其热情、仗义与关切的伪装背后，更多的是肆无忌惮地对别人的进攻与伤害。不怕吃亏的人，才会在一种平和自由的心境中感受到人生的幸福。

天底下也不会有白吃的亏。从某种意义上说，乐于吃亏是一种境界，是一种自律和大度，是一种人格上的升华。在物质利益上宽宏大量，在人际交往中尊重他人，抬举他人。如此这般，以吃亏为荣为乐，势必赢得人们的尊重和抬举。

任何一个有作为的人，都是在不断吃亏中成熟和成长起来的，从而变得更加聪慧和睿智。一旦吃亏便愁肠百结、郁郁寡欢，甚至捶胸顿足、一蹶不振，受伤者只能是自己。

面对权力的诱惑，天下又有几人能经得住这种考验呢？

权力在握，不是一成不变的，有权应该正确地行使。否则中饱私囊，为所欲为，置民生、国家于不顾地争权夺势的人是不会有好下场的。

自古以来官场之上相互倾轧，有因妒忌别人，进谗言害人的；还有贪图利禄，不能全身而退，以至于遭到杀身之祸的；有得到权力，就一朝权在手，便把令来行，为自己谋一己之私利的；有大权在握，不顾百姓死活，乱施暴虐的，这些人都是不能忍耐的，因而也导致了他们自身的灭亡。

西汉的霍去病，是汉武帝时的骠骑将军，攻打匈奴有功劳，他的弟弟霍光做了大司马大将军，受汉武帝的遗托辅佐太子。遗诏上写："只有霍光忠实厚道，可以担当重任。"并让黄门画了周公辅佐周成王，接受诸侯朝见的图画赏赐给他。他辅佐汉昭帝当政14年。昭帝死，霍光迎接昌邑王刘贺入宫，当了皇帝。刘贺淫逸玩乐，没有节制，霍光废掉了他，又迎立汉武帝的曾孙病已，立为孝宣帝，政权都归霍光，并另有加封。等到霍光死了，孝宣帝才开始亲理朝政。霍光的夫人和他的儿子霍云、霍山、霍禹等谋划废掉太子，事情被发现，霍云、霍山自杀，霍禹被腰斩，霍光夫人和她的几个女儿、兄弟都被杀头示众，家族遭到株连，因此被杀的有几千家。

权势到手，确实令人振奋，也实在可以令人风光一回，似乎更可以光宗耀祖。但是稍有不慎，大祸临头，权力旁落，后果也就自然连普通百姓不如，反而给自己和家人带来了极大的灾祸。对于权势不可过贪，应该克制这种占有权力的欲望，不让它盲目膨胀，忍耐住不去落入争权夺利的陷阱，为长远利益着想。

对于权势，不同的人态度不同，有的人很明智，知道权势不一定能够给人带来幸福，所以不去争权夺势，而是忍耐住自己对权力的渴望，在事业成功时全身而退。

西汉张良，小时候在下邳游历，在破桥上遇到黄石公，替他穿鞋，因而从黄石公那儿得到一本书，是《太公兵法》。后来追随汉高祖，平定天下后，汉高祖封他为留侯。张良说道："凭一张利嘴成为皇帝的军师，并且被封了万户子民，位居列侯之中，这是平民百姓最大的荣耀，在我张良是很满足了。愿意放弃人世间的纠纷，跟随赤松子去云游。"司马迁评价他说："张良这个人通达事理，把功名等同于身外之物，不看重荣华富贵。"

张良的祖先是韩国人，伯父和父亲曾是韩国宰相，韩国被秦灭后，张良力图复国，曾说服项梁立韩王。后来韩王被项羽所杀，张良复国无望,重归刘邦。楚汉战争中,张良多次计出良谋,使刘邦险中转胜。鸿门宴中,张良以过人的智慧,保护了刘邦安全脱离险境。刘邦采纳张良不分封割地的主张,阻止了再次分裂天下。与项羽和约划分楚河汉界后,刘邦意欲进入关中休整军队,张良劝阻,认为应不失时机地对项羽发动攻击。最后与韩信等在垓下全歼项羽楚军,打下汉室江山。

公元前201年,刘邦江山坐定,册封功臣。张良面对所享封邑,推辞说:"当初我在下邳起兵,同皇上在留县会合,这是上天有意把我交给您使用。皇上对我的计策能够采纳,我感到十分荣幸,我希望封留县就够了。"

张良回到封地留县后,潜心读书,搜集整理了大量的军事著作,为当时的军事发展,做出了重要的贡献。

汉王朝的江山虽然已经巩固,但统治集团内部的明争暗斗仍然十分激烈复杂,稍有不慎,就会卷进残酷的政治斗争中,轻则落得身败名裂,重则身首异处。张良不但在处理各种复杂问题上,表现出过人的智慧,在功成名就时不贪功,不争利。张良放弃权位,这种明智的抉择保全了自己。

追求名利地位,本来无可非议。立于天地之间,把自己的聪明才智贡献给社会,从中获得社会的公认,而得到名利、地位也是应该的,只是不要单纯为了名利地位而不惜一切地去追求。

名利地位竞争中的忍,就是要不贪权力和财富的诱惑,严于律己,宽以待人。成功了不自傲,失意了也不妄自菲薄。得宠不得意扬扬,受辱也不惊慌失措。只有这样才能经得住大风大浪的考验,立于不败之地。

得与失要看得浪漫些

当今社会,我们已在物质方面得到了极大的满足,可是我们的心灵却感到日益空虚和寂寥,我们吃得越来越好,可是心情却越来越糟;我们居住的空间越来越宽阔,可是我们的视野却越来越狭窄;我们的效率越来越高,可是属于自己的时间却日趋减少;我们的钱越来越多,可是从花钱中得到的乐趣却越来越少……这些都是因为我们对成败得失看得太重,没学会宁静淡泊的处世之道。

我们生活中经常见到一些患得患失的人。或者说是面对付出和回报，总是斤斤计较的人。人生在世，锱铢必较，有的时候真的很难遇上知己，更难以抓住更好的发展机会。《道德经》里有一句话，讲的是"将欲取之，必固与之"。这句话今天看来依旧显得十分精妙，如果你不先付出，怎么能讲索取呢？

得与失之间的平衡，在于人的欲望。中国有一句俗话叫"知足常乐"。佛教的理想是"少欲知足"。孟子有一句话"养心莫善于寡欲"，是说希望心能够正，欲望越少越好。他还说："其为人也寡欲，虽不存焉者寡矣；其为人也多欲，虽有存焉者寡矣。"欲少则仁心存，欲多则仁心亡，说明了欲与仁之间的关系。

怎么才能使自己的欲望趋淡呢？"仕途虽纷华，要常思泉下的况景，则利欲之心自淡"。常以世事世物自喻自说则可贯通得失。比如，看到天际的彩云绚丽万状，可是一旦阳光淡去，满天的绯红嫣紫，瞬时成了几抹淡云，古人就会得出结论道："常疑好事皆虚事"；看到深山中参天的古木不遭斧斤，葱郁蓬勃，究其原因是它们不为世人所知所赏，自是悠闲岁月，福泽年长，"方信闲人是福人"。中国的古代，自汉魏以降，高官名宦，无不以通禅味解禅心为风雅，可以在失势时自我平衡，自我解脱。

人生在世，除了生存的欲望以外，还有各种各样的欲望，自我实现就是其中之一。欲望在一定程度上是促进社会发展的动力，可是，欲望是无止境的，欲望太强烈，就会造成痛苦和不幸，这种例子不胜枚举。因此，人应该尽力克制自己过高的欲望，培养清心寡欲、知足常乐的生活态度。

同理，在得到快乐的时候，也不要忘记"乐极生悲"这句话，适可而止，才能掌握真正的快乐。在很多时候，争取有时虽然能获得一些，但最终失去得更多。美味佳肴吃多了就如同吃药一样，只要吃一半就够了；令人愉快的事追求太过则会成为败身丧德的媒介，能够控制一半才是恰到好处。

所谓"命里有时终须有，命里无时莫强求"，因此，人生在世，得与失为什么不能看得浪漫一些呢？

"花看半开，酒饮微醉，此中大有佳趣。若至烂漫酕醄，便成恶境矣。履盈满者，宜思之。"意即赏花的最佳时刻是含苞待放之时，喝酒则是在半醉时的感觉最佳。凡事只达七八分处才有佳趣产生。正如酒止微醺，花看半开，则瞻前大有希望，顾后也没断绝生机。如此自能悠久长存于天地畛域之中。

得与失之间，自我权衡的最大法宝其实就是知足。

人往往是知多知少难知足，就像童话故事中《渔夫和金鱼》的故事里的老太婆，要了木梳要木盆，要了木盆要木屋，要了木屋要皇宫，欲望无休止地膨胀，要来要去终究是一场空。

有一个农夫，每天早出晚归地耕种一小片贫瘠的土地，但收成却很少。一位官员可怜农夫的境遇，就对农夫说，只要他能不断往前跑，他跑过的所有地方，不管多大，那些土地就全部归他。

于是，农夫兴奋地向前跑，一直跑一直跑、一直不停地跑！跑累了，想停下来休息，然而，一想到家里的妻子、儿女，都需要更大的土地来耕作、来赚钱啊！所以，他又拼命地再往前跑！真的累了，农夫上气不接下气，实在跑不动了！

可是，农夫又想到将来年纪大，可能乏人照顾，需要钱，就再打起精神，不顾气喘不已的身子，再奋力向前跑！

最后，他体力不支，"咚"地倒躺在地上，死了！

在我们的生活中，到处充满着机会，可以说是能让人丰衣足食。生活中有这么多令人幸福的东西，可我们却变得越来越不幸福。究其原因，就是在权衡得失的时候，没有一颗知足的心。有了贪念，就永远不能满足；不满足，就会感到欠缺。因此，一颗知足的心，是真正的喜悦、真正的宁静、真正的幸福。

其实，我们赚钱，就是为了自己的生活过得好一些。如果只是埋头苦干，没有享受的乐趣，那生活还有什么意义？生活质量的高低，并不完全体现在你拥有物质利益的多寡上，还有你脸上的微笑，心中的情感。而人生有着太多的不公平，有起点的不公平：有的人是含着"金钥匙"出生的,有的人则生来就是残疾;有的生在穷乡僻壤,而有的人则生在"天子脚下"。有结局的不公平:同样的辛勤付出,有的人抢得先机,而有的人只能向隅而泣;同样的冒险一搏,鹤起兔落之间有的人倒霉,有的人走运。

古人的"布衣桑饭,可乐终身"是一种知足常乐的典范。"宁静致远,淡泊明志"中蕴含着诸葛亮知足常乐的清高雅洁;"采菊东篱下,悠然见南山"中尽显陶渊明知足常乐的悠然;沈复所言"老天待我至为厚矣"表达着知足常乐的真情实感。更多的时候,知足常乐是融合在平平淡淡才是真的意境中。知足常乐,是一种人性的本真,在孩童时代,我们会为拥有自己梦想得到的东西而喜上眉梢,笑逐颜开,烙下一串串深刻的记忆,今日重温,也许会忍俊不禁,无论行至何方,所处何位,知足常乐永远都是情真意切的延续。

一个人的本性追求就是金钱与富贵,但知足常乐却是难得的心态。我们不主张安贫乐道,但我们也不主张一味地追求金钱富贵。一个人知道满足,心里面就时常是快乐的,乐观的,有利于身心健康。相反,贪得无厌,不知满足,就会时时感到焦虑不安。用叔本华的观点来说,就会使人生在欲望与失望之间痛苦不堪。

面对现实,我们看到不少铤而走险而落得身败名裂的人正是因为欲壑难填,贪得无厌而走上犯罪道路的。看到这些人的犯罪事实,很多人都会由衷感叹说:"要是他早一点收手,大概也不会走到这一步罢!"不知大家注意到没有,这些感叹所流露的,正是"知足"的思想啊!问题是,一旦受贪欲支配,又哪里会知足,哪里会收得住手呢?所以,"知足"不是没有追求;"知足常乐"更不是平庸的表现。相反,倒是很难修炼成的德行,尤其是在我们这个物欲诱惑滚滚而来,挡也挡不住的时代。

很多事情都是我们经历过了,才懂得它的弥足珍贵,最主要是我们遗落了那一份拥有时的心旷神怡。现代人匆匆的脚步已定格为一种时代的风景,竞争与挑战接踵而至。在前进的道路上,当我们取得一些成绩的时候,如果我们都能乐由心生,对待困难的工作情绪,就会如阳光般朗朗映照。知足常乐,在烦躁与喧嚣中,会过滤一种压抑与深沉,沉淀一种默契与亲善,澄清一种本真与回归,久而久之,步伐轻盈,精力充沛。

在现实生活中,人们难免会因为自身的得失产生各种心理上的不平衡,比如你一直看不起的那个同事加薪升职了,可是你却还在原地打转转,这时你会觉得自己才高八斗、能力出众,可是领导和同事为什么就这样有眼无珠呢?于是你就牢骚满腹,见人便喋喋不休地诉说你的委屈。在你的描述中,你的上司是"妒贤嫉能之辈",你的同仁是"居心叵测之人",被提拔者是"溜须拍马、阿谀逢迎之辈",

而你自己，当然是落入鸡窝的凤凰，郁郁不得其志了。你身边的人发财了，买了车，购了别墅，你便义愤填膺，认定他是"贪污受贿徇私枉法，不然怎会赚那么多不义之财"？才貌远远不如你的同事结婚了，可你怎么看他老婆都比你的妻子漂亮，你顿时痛苦不已：怎么又应验了那句"赖汉娶花枝"的古话呢？智商低于你儿子的同事儿子考上了重点大学，你儿子却名落孙山，你替儿子分担了怀才不遇的悲叹……于是你的生命充满了烦恼和痛苦，生命中的每一天，你都活得太累，太沉重。

其实，你完全可以不必这么不平衡，你也许有才华，但还没有厉害到让上司一眼看出来的程度；你的本事固然很大，但还没有大到叫同事无法比拟的地步；被提拔的同事能力虽然不见得如何了得，但总有比你强的地方。机遇固然重要，但是机遇面前人人都是平等的，还是靠个人的努力来争取成功的机会。

如果你是一个聪明人，即使不能为别人的成功高兴，起码不必用别人的成功折磨自己，否则不就是有点儿太傻了吗？所有的糊涂都源于你比别人更明白，或许这就叫作聪明反被聪明误吧。其实凡事都用不着那么心理不平衡，庙堂之高，江湖之远，各有所长，何必硬比？拿别人的成功来跟自己的失败相比和拿自己的"高明"去比别人的"懵懂"，都是非常不明智的。

我们时常觉得"不开心",原因就在于我们很少想到我们已经拥有的,却总是想着我们所没有的。轻视乃至忽视自己拥有的,抱怨自己所没有的,人当然就无法快乐起来。

人生有得到是正常的,有失去也是正常的,如果你紧紧抓住失去不放,得到就永远也不会到来。放下失败,抓住成功,就可以让生命重放光彩,而这一切,需要你有一颗淡泊名利得失、笑看输赢成败之心。个性乐观的人对得失看得很淡,他们认为"得"是劳作的结果,无论劳心劳力,"得"都是心愿的实施,了得了心愿,却难免会失去追求。得到功名利禄的时候,满心喜悦,但同时也失落了沉思与警醒;得到婚姻的时候,爱情的光芒免不了黯淡;得到虚荣的时候,灵魂却在贬值;失去最爱的时候,便是得到永恒的寄托;失去依赖的时候,便得到人生必备的磨砺;失去憧憬的时候,便得到现实的选择。

对得与失的认知,看似平淡,却折射出一种对人生使命的思考,对物质和精神关系的透彻理解。人的一生,就是得与失互相交织的一生,为什么我们不能泰然处之,用浪漫的眼光去看待呢?人生本来就是得中有失,失中有得,有所失才能有所得。一个人为了实现自己的人生目标,体现自己的人生价值,暂时放弃一些物质上的享受,去追求让更多的人过上舒适幸福的生活,这种精神不仅让人尊敬,而且那种目标达成后的精神愉悦，是一般人所体验不到的，是超越物质的更高层次的精神满足和享受。

专注才能做得更专业

业精于勤荒于嬉,当你成为某个行业的佼佼者时,突然发现春风得意也只是暂时的,作为行业的领跑者是需要专注、专业、高效等词汇的指导,配合团队的统一学习和业务攻坚战,只有不停地刷新知识与业绩,才能与时俱进,才能任尔东西南北。

当然,再优秀的公司也不能成为任何行业都涉足的巨型企业,只有自己的尖端业务迎合市场需求才能生存下去。因此提高一个企业专业水平的最好法宝是专注,也就是我们说的坚持做一个领域的领跑者。

而对个人而言,当清晨的阳光悄悄爬上枕头,睁眼,起身,然后看着镜子里愈发憔悴的面容,我们通常会不由得产生一种挫败感。这种所谓的挫败感从何而来呢?

答案很简单,因为我们之前所掌握的知识已经不足以应付新的挑战,现在每天在世界上都会有旧的企业消亡,落后的产能被淘汰,每天都会有不适应市场的职业悄然在这个世界上消失。新时代的企业需要员工学习并掌握新的能力,八十一关磨难自有七十二般变化去化解。我们会发现,如果不学习,真的在当今社会寸步难行。

早在两千多年前的孔子曾告诉过我们要"温故而知新"。温习旧知识,得到新收获,不管有没有新收获,在学习新的知识之前,复习是很有必要的。

这个话题可能对一些读者来说太过沉重,因此我选择用一个笑话来作为例证。

上帝曾经说过:"说白了,不管做什么工作,都属于熟练工种。就像我造人一样:第一批扔进烤箱的,因时间短没烤熟,我把他们扔在欧洲,称为白人,第二批又烤煳了,把他们扔到非洲,称为黑人,第三批烤得正好,放在亚洲,称为黄种人。连我都要反复试验,别说你们凡人了。"

上帝以一种幽默的方式讲解了他专注于造人的故事。当然，在这则笑话中，也说明了一个十分明显的道理，专注做一件事至少可以提高你的业务水平，这就是人们常说的熟能生巧！

　　当你把原有的武功练到熟能生巧的时候，再多敌人也是浮云；即使没有这么夸张，旧知识永远是学习新知识的必需基础，这是毋庸置疑的。

　　"欲善其事，必利其器。"我们真正的利器其实就是我们的知识储备和我们的头脑。当然，这些知识最好是在你所感兴趣的领域，学习是一项需要持之以恒的活动，无论何等意志坚强的人，何等争强好胜的人，不喜欢的事情终究做不到坚持不懈；做到了，也对身体不利。于是，我们挑了我们喜欢的生活，要不然就试着去喜欢上这种生活，然后就把梦想放在薄纱里，做成一盏长明的台灯，在寂静长夜里提醒自己勿失勿忘，一定要努力进取，把每天都过得很充实，持之以恒，不乱节奏。一旦节奏得以设定，其余的问题便可以迎刃而解。不能冷却了热忱，如果说我们的灵魂多少有些价值，那是因为它曾比其他一些灵魂更加炽热地燃烧，年轻不能因为无知而辜负青春。在这个世界上，不单调的东西让人很快厌倦，不让人厌倦的大多是单调的东西。简单的不一定是最好的，但最好的一定是简单的，简单的事物其实才是最美妙最有意思的，关键在于人们能不能发现乐趣所在。不管是"门外汉"还是"业内人士",坚持学习,把自己变成"专家",你就能越过眼前的障碍了。

人是跳跃着前进的,你必须活得像只袋鼠一样,因为你脚下不是坦途,而是一道道深不见底的沟,人生的每一次进步本质上都是跨越沟壑,通往坦途的。至于每一道沟怎么跳都有讲究的一套技法。麻烦都是人们自找的,会随着人们前进而变本加厉,所以用来解决麻烦的一切手段也是要不断地更新。当你觉得乏了腻了,并不是因为年岁渐长而精力不足,而是因为懈怠了生锈了,人有两个自己,一个病态的自我,一个健康的自我。前者懒惰逃避,后者积极向上。一个人心智越成熟,越能察觉到自己的懒惰,越是能自我反省,越是能找到懒惰的痕迹。

有时一个人自认不完整,只是他还年轻。所以,年轻有时候是自我认定的,这就是年轻的魅力,一个不停向上攀爬勇闯绝峰的人是永远不会老的。世界上只有追求梦想的人和回忆梦想的人,忙碌的人和叹息的人,别把回忆留给饥饿。全心全意去奋斗,别的就交给命运。这是我们都该遵守的简单规则。消极,无论从哪个角度来看都只能是贬义词。你若不想做,会找到一个借口;你若想做,会找到一个方法。我们自己本身就是个情绪加工厂,清晨的阳光,午后的咖啡,夜空里的星星,都能让处在半睡半醒的人们打个激灵,然后微微一笑继续努力。天空这样蓝，阳光这样温暖，我们再苦再累也没理由不坚强。

一个人要想获得成功，最好的捷径就是选择一种哪怕没有任何报酬自己也愿意专注去做的工作。当你做出这种选择时，金钱会在不经意间降临。

一个名叫卡罗·道恩斯的普通银行职员，在受聘于一家汽车公司6个月后，试着向老板杜兰特毛遂自荐，看是否有提升的机会。杜兰特的答复是："从现在开始，监督新场机电设备的安装工作就由你负责，但不一定加薪。"

道恩斯并没有这方面的专业知识，他从未受过任何工程方面的训练，对图纸一窍不通。然而，他不愿放弃这个难得的机会。因此，他努力学习和钻研，充分发挥自己具有组织能力的特长，自己找了些专业人员安装，结果提前一个星期完成了任务。最后，他得到了提升，工资也增长了10倍。

"我当然明白你看不懂图纸，"后来老板是这样对他说的，"假如你随意找个原因把这项工作推掉，我就有可能把你辞掉。"退休后，已是千万富翁的道恩斯担任了南方政府联盟的顾问，只领1美元的象征性年薪，然而，他工作起来却依然尽心尽力，因为"不为工资而工作"已经成为他的习惯。

相比之下，现在有很多大学生，他们毕业之后，一心想着要找一份薪水高、待遇好的工作，却很少考虑这份工作自己是否喜欢，是不是能让自己专注去学习和钻研的工作，更没时间考虑这份工作对自己前途的发展有多大的意义，他们只盯着眼前的利益，却忽视了应为长远的将来做好打算。刚刚迈入社会的年轻人因为缺乏社会经验，短时期就要获得高薪和重要职位，是不太现实的。所以他们常常找不到工作，他们却总以为这是由于就业形势严峻，总是找客观原因。包括很多在社会上摸爬滚打了很久的人也是这样。他们换了一份又一份工作，总是觉得不称心，待遇总是提不上去，却忽视了知识与能力的培养，忽视了应在自己的岗位上积累经验，因而错过了很多晋升的机会。

但许多伟大的人物做人做事绝不是这种态度。比如德国的"铁血宰相"俾斯麦，他在德国驻俄使馆工作时，薪资也比较低，但他从未因此放弃努力。在那段时间，他专注于自己领域内的钻研，学到了许多外交技巧，磨炼了自己的决策能力，这些都使他受益匪浅。

因此，当我们在工作时，不要仅仅以为我们收获的只是金钱和物质，除非我们急需金钱使用。不该认为得一分钱就只应出一分力，看不到薪水以外的东西。当我们在工作时，我们应明白我们得到的更多的是经验、能力、智慧、知识，甚至是意志的磨炼和品格的培养。

要知道，这些才是最重要的，是远比薪金更宝贵的。当我们获得了以上这些，薪金的提高离我们将不会再遥远。尤其是当我们刚刚踏上职场之路时，我们更应该对来之不易的那份工作倍加珍惜，不要急着换工作，沉下心来干好你眼前的这份工作，这样你将学到经验，并最终确定你是否适合这份工作，这样你才能准确地定好位，为自己的人生之路打下基础。

我们每个人都应该学会给自己的人生做出一个准确的定位。有了正确的方向，找到自己喜欢的事业，就要全身心地投入到所从事的职业岗位中来。"天行健，君子以自强不息"，《易经》中的这句古训深刻地说明了踏实进取、自强不息对一个人成就事业的重要性。在我们明确了自己的人生定位之后，就要朝着这个方向不断地努力，孜孜以求。这才能达到我们所说的专注。

尽管薪金是衡量人的工作能力和价值的重要尺度，但它并非唯一尺度，很多时候我们工作并非仅仅为了金钱，而是为了证明自己的价值，甚至仅仅为了活得充实和快乐。因此，这时候兴趣和爱好变得比薪金和待遇更为重要和宝贵。

即使薪金不能提高，你也可以考虑是否从其他方面得到补偿，比如，职位的晋升、工作机会的增多、从工作中得到的乐趣等等，所有这些，都是你可以得到的除工资以外的东西。你应该把每一份工作都看成是一个可以使你增长才干、锻炼能力的绝好的机会，在你开始你的工作到离开时，有许多东西你都要学习。你既有学习的机会，就必须强制自己要努力学习。

如果一个人只为了薪水而工作，那是很可悲的，也注定了他绝不会有远大的前程。工作虽是为了生计，但是，通过工作使自己的潜能得到充分发挥，比什么都重要。假如仅仅为了糊口而工作，你的生命价值将因此而大打折扣。

你的追求不要只局限于满足生计，而要有更高的追求。千万不要这样对自己说，工作就是为了赚钱，你要看到比薪水更高的目标。

初入社会的年轻人如果想成为某个领域的专业人士，那么专注显然是门必修课，只要在自己的岗位上能安分守己、踏踏实实地吸收自己脚下的营养，就算是棵幼苗，虽然还很弱小，但它最终必将成为一棵高大挺拔的参天大树。

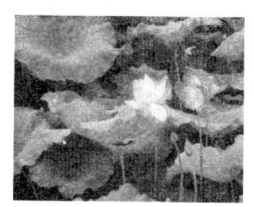

**心怀感恩,
世界原本就很美好**

感恩就像春天绵绵的细雨,浇灌着干涸的大地,也滋润每个焦躁的心灵;感恩也像一杯浓浓的烈酒,让我们在芬芳中沉醉,也温暖着冰冷的心田。

有些人活了一辈子也不知道感恩的真正含义。有些人认为感恩就是简单的彼此寒暄,你帮了我,然后下次我帮你,仅此而已。而有些人认为感恩就是"滴水之恩涌泉相报"。

成语"一饭千金"就是为大家讲了一个关于感恩的故事。

汉高祖的大将韩信,在未得志时,境况很是困苦。那时候,他时常在城下钓鱼,希望碰着好运气,便可以解决生活。但是,这究竟不是可靠的办法,因此,时常要饿着肚子。幸而在他时常钓鱼的地方,有很多漂母(清洗丝棉絮或旧衣布的老婆婆)在河边做工的,其中有一个漂母,很同情韩信的遭遇,便不断地救济他,给他饭吃。韩信在艰难困苦中,得到那位勤劳善良仅能以双手勉强糊口的漂母的恩惠,很是感激她,便对她说,将来必定要重重地报答她。那漂母听了韩信的话,很是不高兴,表示并不希望韩信将来报答她的。

后来,韩信替汉王立了不少功劳,被封为楚王,他想起从前曾受过漂母的恩惠,便命从人送酒菜给她吃,更送给她黄金一千两来答谢她。

这句成语就是出自于这个故事。它的意思是说:受人的恩惠,切莫忘记,虽然所受的恩惠很是微小,但在困难时,即使一点点帮助也是很可贵的;到我们有能力时,应该重重地报答施惠的人。

而古往今来,感恩包含太多太多的奥妙,它承载着尊重、无私、宽容、舍与得……在它的厚重的内涵中,我发现唯独感恩具有那种像水一样的清澈、灵动,甚至能够映射出世界的美好。

人生如白驹过隙,一路走来,需要感恩的太多太多了。我们不妨来看看我们感恩的主要对象。

首先，我们最应该感恩我们的父母，因为有了他们所以才有了我们的今天。我们有机会能够降生在这个世界上，其实最大概率也只有几千万分之一。从这一点来看，这就已经是个伟大的奇迹了。如果没有他们，我们甚至连感知和探索这个世界的机会都没有。

一个天生失语的小女孩，从小和妈妈相依为命。在她们贫穷的家里，妈妈每天辛苦工作回来后给她带一块小小的年糕，是她最大的快乐。

有一天，下着很大的雨，已经过了晚饭时间了，妈妈却还没有回来。天，越来越黑，雨，越下越大，小女孩决定顺着妈妈每天回来的路自己去找妈妈。当她看见妈妈的时候，妈妈手里拿着一块小小的年糕倒在路旁，已经永远地离开了她。

雨一直在下，小女孩也不知哭了多久。她知道妈妈再也不会醒来，现在就只剩下她自己。妈妈的眼睛为什么不闭上呢？她是因为不放心她吗？她突然明白了自己该怎样做。于是擦干眼泪，决定用自己的语言来告诉妈妈她一定会好好地活着，让妈妈放心地走……

小女孩就在雨中一遍一遍用手语做着这首《感恩的心》，泪水和雨水混在一起，从她小小的却写满坚强的脸上滑过……"感恩的心，感谢有你，伴我一生，让我有勇气做我自己。"她站在雨中不停歇地做着，一直到妈妈的眼睛终于闭上。

当流着泪听完这个故事，我突然想到了天下有多少这样伟大的父母，在默默地为儿女付出一切。而天下又有多少这样的儿女，能够感恩于亲人这样一颗爱心！而作为一个人，生活给予我们的又不仅仅是来自亲人的爱，那我们是否都怀有一颗感恩的心来面对？

我们的父母是在我们生命中最重要的人。父母给予我们如天一般高的母爱，如山一般厚重的父爱。父母给了我们生命和健康！是他们让我们明白了世界的精彩，社会的复杂，让我们学会如何第一次在这个世界上立足，让我们学会如何走自己脚下的路。

是我们的父母，教会我们用一颗感恩的心微笑面对我们的生活！是我们的父母，让我们体验了家庭的幸福和快乐，也教会了我们要相信自己，要做一个顶天立地的人。我们每个人都希望自己的父母能够陪伴着自己的一生，让他们能够幸福地安享晚年，但是故事中的小女孩，面对失去母亲的悲伤时，则是以心中的感恩，安慰自己的母亲放心地离开了这个世界。因为母亲知道，孩子心存感恩，就能发掘世界的美好，就能坚强地走好自己脚下的每一步。

我们来看下一个故事。

曾经有两个人在沙漠中行走，他们是很要好的朋友。在途中不知道什么原因，他们吵了一架，其中一个人打了另个人一巴掌。被打的那个人很伤心很伤心，于是他就在沙里写道："今天我朋友打了我一巴掌"。写完后，他们继续行走。他们来到一块沼泽地里，先前被打的那个人不小心踩到沼泽里面，另一个人不惜一切，拼了命地去救他……最后那个人得救了，他很高兴很高兴。于是拿了一块石头，在上面刻道："今天我朋友救了我一命"。朋友一头雾水，奇怪地问："为什么我打了你一巴掌。你把它写在沙里，而我救了你一命你却把它刻在石头上呢？"那个人笑了笑回答道："当别人对我有误会，或者有什么对我不好的事，就应该把它记在最容易遗忘、最容易消失不见的地方，由风负责把它抹掉。而当朋友有恩于我，或者对我很好的话，就应该把它记在最不容易消失的地方，尽管风吹雨打也忘不了。"

看完了上面的故事，大部分读者已经知道了我们下一个感恩的对象，在我们的生命中，还有一种人是值得我们感恩的。他们，就是所有曾经关心过我们的人，或者将来关心我们的人，因为有了他们所以我们的生活不再暗淡，我们的内心不再孤独，我们的思想不再缺少共鸣，因为有了他们人生才多了些温暖的色彩。

人生在世，难免受人恩惠。都说朋友多了路好走，面对朋友的帮助我们理当心怀感恩。就像故事中刻在石头上的文字一般，永不磨灭。其实在我们生命中的匆匆过客，有的时候，也成了我们感恩的对象。即使是一件再小不过的事情。

有一位单身女子刚搬了家，她发现隔壁住了一户穷人家，一个寡妇与两个小孩子。有天晚上，那一带忽然停了电，那位女子只好自己点起了蜡烛。没一会儿，忽然听到有人敲门。

原来是隔壁邻居的小孩子，只见他紧张地问："阿姨，请问你家有蜡烛吗？"女子心想："他们家竟穷到连蜡烛都没有吗？千万别借他们，免得被他们依赖了！"

于是，她对孩子吼了一声说："没有！"正当她准备关上门时，那穷小孩展开关爱的笑容说："我就知道你家一定没有！"说完，竟从怀里拿出两根蜡烛，说："妈妈和我怕你一个人住又没有蜡烛，所以我带两根来送你。"

此刻女子自责、感动得热泪盈眶，将那小孩子紧紧地拥在怀里。

一个素不相识的小孩子，带着满满的关切，为这位年轻女子送来了无微不至的关爱，这从某种意义上，已经超越了邻里间的帮助，甚至可以说是一种善良的关爱。人生中，我们总是在困难的时候，害怕别人给自己添加麻烦。却在别人的帮助下，心存感恩，让自己难以释怀。因此，与人为善，给身边的人带来关爱，其实给予是一种幸福，哪怕只是一支蜡烛，不是么？

最后，我们不能忘了感恩那些在自己生命中打击中伤过我们的人，甚至是感恩我们命运中的艰难坎坷。

法国一个偏僻的小镇，据传有一个特别灵验的水泉，常会出现神迹，可以医治各种疾病。有一天，一个拄着拐杖，少了一条腿的退伍军人，一跛一跛地走过镇上的马路，旁边的镇民同情地说："可怜的家伙，难道他要向上帝祈求再有一条腿吗？"这一句话被退伍的军人听到了，他转过身对他们说："我不是要向上帝祈求有一条新的腿，而是要祈求他帮助我，叫我没有一条腿后，也知道如何过日子。"

试想：学习为所失去的感恩，也接纳失去的事实，不管人生的得与失，总是要让自己的生命充满了亮丽与光彩，不再为过去掉泪，努力地活出自己的生命。

我们为什么要感恩我们的敌人，甚至是感恩我们所经历的厄运？感谢它们让我变得更加的坚强、更加勇敢地面对生活。感谢它们让我学会了如何抗争，学会了绝不向自己的命运低头。故事中的士兵失去了一条腿，但是他依旧心怀感恩，因为比起失去双腿或者丢掉性命的人来说，他已经足够幸运。

心怀感恩，不但让我们察觉了世界的美好，更让我们察觉了人性之美。面对亲情、友情、爱情，我们要心怀感恩。如果不是它们出现在我们的生命中，我们的内心就不会如此的火热，我们的泪光就不会如此晶莹，我们的目光就不会如此温存！

心怀感恩，我们要感谢厄运的降临，感谢敌人的光顾，如果不是它们，我们的生命不会如此顽强，我们的斗志不会如此昂扬，目光就不会如此坚毅，我们的行动就不会如此执着！

心怀感恩，我们会发现，世界原本是属于善良的人，世界原本很美好。

第五章
主宰自己，成功的彼岸不再遥远

每个人都想通过努力来改变自己的命运，让自己充实而又富有地度过一生。如果把成功比作一条路，那么学习就是通往成功之路上的加油站。每个想要成功的人都是在学习中不断成长的。

渴望成功的人除了善于学习之外，还应具有自信、乐观、勇气及战胜自己缺点的特点。

◎

◎

　　一心通往成功彼岸的人会真正行动起来，努力学习，去实现你的人生追求。想要成功，即使自己顺风顺水，一路通达，路上我们遇到别人的百般帮助，但是最终能否顺利抵达成功的彼岸还是要靠我们自己。因为人生的主宰不是别人，其实是我们自己。

靠学习来培养自己的内功

如果把成功比作一条路,那么学习就是通往成功之路上的加油站。学习不但让我们充实生活,提高自己的修养,同时也能丰富我们的知识储备,提升我们在各行各业的业务技能。但是学习对我们来说,最重要的作用还是通过知识改变我们自己的命运。

在伦敦南部肯辛顿博物馆的达尔文雕像旁,无愧地屹立着一座大理石雕像,这个人就是赫胥黎。

小时候他生于英国伦敦西部的伊林,8岁时开始上学读书。由于家境贫寒，赫胥黎只读了两年书就停学了。

生活的苦难并没有压倒还是一个孩子的他，于是赫胥黎开始每天坚持自学。

在他自己制订的教育课程表上，只留下了一个项目：阅读。赫胥黎读书非常刻苦，每天天不亮就起床读书。因为家里穷，没钱买书桌，赫胥黎就点起一支蜡烛，将毛毯披在肩上，然后坐在床上读书。

赫胥黎学习兴趣相当广泛，求知欲非常旺盛，学习上永不满足，对什么都感兴趣。开始时想学土木工程，又想搞桥梁建筑；后来又转到了医学方面，跟父亲的一个朋友专门学医。由于他聪明好学，很快就掌握了一些医学知识。他在工作之余，还自学了法、德、意、拉丁和希腊等语言，成为一个自学成才的伟大学者。

在赫胥黎21岁时，他以海军军医的身份做了他一生中最有意义的第一次冒险远航，根据远航的见闻和研究成果，他发表了论文《关于水母的解剖学》，受到了科学界的高度赞扬，并获得了皇家奖章，被选为皇家学会会员。

从此以后，赫胥黎迈开了更大的步伐，接连发表了一系列专著和论文，很快成为当时英国的一个最年轻、最有希望的科学家。

幼年时期酷爱学习的赫胥黎或许不会想到自己将取得如此让世人瞩目的成就，但是他应该明白，学习知识最基本的动力除了对学习有兴趣以外，其实是希望多些文化和职业技能来改善贫寒的家境。

当学习成为一种习惯，并且学习不再单纯以养家糊口为目的的时候，他才真正施展了自己学来的内功，并且站在了当时世界科学的最前沿。

学习通常不能一蹴而就，是一个日积月累的过程；同时学习也少不了下功夫，拼毅力。就连"斗酒诗百篇"的诗仙李白也不是天生诗人，而是勤奋地学习和积累才使他取得了千古盛名。

李白小时候不喜欢念书，常常逃学，到街上去闲逛。

一天，李白又没有去上学，在街上东溜溜、西看看，不知不觉到了城外。暖和的阳光，欢快的小鸟，随风摇摆的花草使李白感叹不已，"这么好的天气，如果整天在屋里读书多没意思？"

走着走着，在一个破茅屋门口，坐着一个满头白发的老婆婆，正在磨一根棍子般粗的铁杵。李白走过去，"老婆婆，您在做什么？"

"我要把这根铁杵磨成一个绣花针。"老婆婆抬起头，对李白笑了笑，接着又低下头继续磨着。

"绣花针？"李白又问："是缝衣服用的绣花针吗？"

"当然！"

"可是，铁杵这么粗，什么时候能磨成细细的绣花针呢？"

老婆婆反问李白:"滴水可以穿石,愚公可以移山,铁杵为什么不能磨成绣花针呢?"

"可是,您的年纪这么大了?"

"只要我下的功夫比别人深,没有做不到的事情。"

老婆婆的一番话,令李白很惭愧,于是回去之后,李白再没有逃过学。每天的学习也特别用功,终于成了名垂千古的诗仙。

学习需要的就是一种毅力,就像把铁棒磨成针一样的毅力。我们可以把学习比作是一种投资,我们每天存入一点,等到需要时,拿得出手的就是一笔相当大的财富。

有很多人其实做的事情都是一样的,可是效果却不一样,究其原因,除了态度的不同之外,最大的问题就是做这些工作的人的本身水平不一样。向那些成功者讨教,他们总结出一个共同的经验:要不断地丰富自己,增加自己的内涵与学识,才能如鱼得水。

"问渠那得清如许,为有源头活水来。"在知识飞速更新换代的今天,我们面对需要掌握的知识和技能就像是源头活水一样,根本停不下来。我们生活中的一切东西,除了古董以外,别的东西都在折旧和贬值,没有什么东西可以永远保持它当初的价值,知识也是一样的,你赖以生存的知识、技能也一样会折旧。在风云变幻的社会中,不懂得更新自己的知识体系的人瞬间会被甩到后面。

很多人认为，只要熬几年，自己的地位就稳固了。千万不要这么以为，如果你有这样的想法，你就是最容易被社会淘汰出局的那个人。

看看我们的流行音乐，你就能很容易地发现淘汰的频率是多么快。处在流行最前沿的娱乐圈，每年都有前赴后继的新人，以数百张新专辑的速度抢攻唱片市场，稍不留意就被远远地抛在后面。在这个世界上，老不是最可怕的，未老先衰才是最悲哀的事。所以，面对推陈出新的市场，不断学习和创新才能不被抛出轨道。

这并不是危言耸听，专家指出，现在职业半衰期越来越短，有高薪者若不学习，不出5年就会掉入低薪一族。就业竞争加剧是知识折旧的重要原因，据统计，25周不更新自己的知识结构，你在工作中就要比别人慢上一步。只有不断更新自己，才能使自己时刻跟得上世界发展的脚步。

为了丰富自己，我们都可以进行自我充电。自掏腰包接受"再教育"是一种很多人选择的进修方式。

知识、技能的折旧速度越来越快，不通过学习、培训进行更新，你的适应性必然会越来越差，也就更难在社会中立足。

人们都喜欢那种像海绵一样的人，他们能够拼命吸收各种知识，"全方面、全时间"地学习，持续不断地自我成长。我们不但要专注于自己所从事的领域,还应竭尽所能地了解专业领域以外的最新动向和知识。只有这样,才能满足变革的需求,在社会中站稳脚跟。

未来的竞争将不再是知识与专业技能的竞争,而是学习能力的竞争,一个善于学习的人,他的前途一定会一片光明。

许多人以为,学习只是青少年时代的事情,只有学校才是学习的场所,自己已经是成年人了,并且早已走入社会了,因而再也没有必要学习,除非是为了取得文凭。

剑桥大学的一位专家指出:"这种看法乍一看,似乎很有道理,其实是不对的。在学校里自然要学习,难道走出校门就不必再学了吗?学校里学的那些东西,就已经够用了吗?"

其实,学校里学的东西是十分有限的。等我们进入社会,到了现实的工作、生活中,需要的相当多的知识和技能,都要靠我们在实践中边学边摸索。

可以说,如果我们不继续学习,我们就无法获得生活和工作需要的知识,无法使自己适应急速变化的时代,不仅不能搞好本职工作,反而有被时代淘汰的危险。

有些人走出学校投身社会后,往往不再重视学习,认为头脑里面装的东西已经够多了,殊不知,学校里学到的只是一些基础知识,数量也十分有限,离实际需要还差得很远。特别是在科学技术飞速发展的今天，我们只有以更大的热情，如饥似渴地学习、学习、再学习，才能使自己丰富和深刻起来，才能不断地提高自己的整体素质，以便更好地投身到工作和事业中。

剑桥大学的一项调查显示，半数的技能在1—5年内会变得一无所用，而以前这些技能的淘汰期是7—14年。特别是在工程界，毕业后所学专业还能派上用场的不足1/4。因此，学习已变成随时随地的必要选择。

"用学习创造利润"，这已被管理学界和企业界公认为当今和未来"赢"的策略。

学习固然是重要的，不学习是万万不能的。但是每个人学习的方向是一定的，所谓闻道有先后，术业有专攻就是这个道理。尺有所短，寸有所长。即使是圣人也有短处，而明智的人一旦知道自己特长何在，便懂得善加运用，这就是知识和智慧的体现。

孔子乘着一辆马车周游列国。一天，他来到一个地方，见有个孩子用泥土围了一座城，坐在里面玩耍。

"你看见马车过来为什么不躲开呀？"孔子问孩子。

"从古到今，只有车子躲开城，哪有城躲车子的道理？"

孔子愣了一下，走下马车，问道："你叫什么名字？"

"我叫项橐。"

"你的嘴很厉害,我想考考你:什么山上没有石头?什么水里没有鱼儿?什么车没有轮子……"

"您老人家听着——土山上没有石头,井水中没有鱼儿,用人抬的轿子没有轮子……"

孔子一连提了十几个问题,都没能难住孩子。

"现在轮到我来考您了,鹅和鸭为什么能浮在水面上?鸿雁和仙鹤为什么善于鸣叫?……"

"鹅和鸭能浮在水面上,是因为它们的脚是方的;鸿雁和仙鹤善于鸣叫,是因为它们的脖子长……"

"不对!鱼鳖能浮在水面上,难道也是因为它们的脚是方的吗?青蛙善于鸣叫,它们的脖子长吗……"

孔子佩服这孩子知识渊博,连自己也辩不过他,只好拱手连声说"后生可畏!后生可畏!"说完,孔子就驾着车绕道走了。

所以,学习是一生的功课。我们常说:活到老,学到老。说起来容易做起来很难,如果你能做到这一点,即便成不了伟人,至少可以成为一个贤者。我们每个人都知道学习是有用的,可以修炼自己深厚的文化底蕴,即使不靠它们吃饭,至少也是一种无形的资本。

每个人不想学习也可以找到这样那样的借口,比如:上班忙实在没时间;希望寄托给孩子了;学习那么辛苦,也涨不了多少工钱……诸如此类。

　　但是想要成功的人是不会找这些借口的,他们会真正行动起来,努力学习,去实现自己的人生追求。

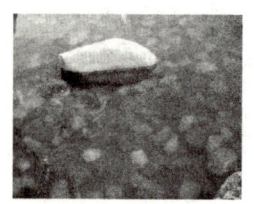

自信,是一件万能的武器

我们做人要有强烈的自信,自信是成就自我的根本。一个人的自信心是战胜千难万险的强大武器。少了自信在当今社会寸步难行。举个最简单的例子,你的老总交给你一个任务,你不自信没把握做好,那机会绝对会跟你擦肩而过;一场重要的演讲,由于自己不自信,心理的沉重负担导致论述语无伦次,搞得所有听众不知所云,这种不自信的后果就注定导致演讲失败。

马尔顿说过:"坚强的信心,能使平凡的人做出惊人的事业。"

一个充满自信的人一定有着乐观的生活态度。他能够在复杂的处境中表现得从容镇定，有着积极的自我意识、明确的价值观念和良好的自我状态；他能够有意识地追求和充分地表现人格的魅力和令人折服的自信。自信心有大小之分。有大的自信，就有大的成就；有小的自信，只能有小的成就；没有自信，只能一无所成。

战国时，秦国军队包围了赵都邯郸。赵王派平原君去说服楚王与赵国结盟出兵，解救赵国。平原君打算从手下三千多门客中挑选二十人做随从，但挑来挑去只有十九人符合要求，正在着急时，有个名叫毛遂的门客自我推荐说："让我去吧！"平原君笑笑："有本事的人，随便到哪里，都好像锥子放在布袋中，一定会露出尖锋来。可你来了三年，没人说起你的大名，可见没有什么才能啊。"毛遂说："我如果早被放在布袋里，早就会脱颖而出，何止露出一点尖锋呢！"平原君见他说的有理，便带毛遂等二十人来到了楚国。

平原君请楚王结盟出兵，从早晨谈到中午，还没有结果。十九个门客十分着急，但却没了主意。

毛遂按剑上前说："订盟的事，非利即害，非害即利，无非利害二字而已，这样明白为何现在还不决定！"楚王大怒，斥道："我与你主人说话，你来干什么？还不与我退下！"

哪知毛遂不但没有退下，反而又上前几步说："现在大王的性命掌握在我手上,你的十万兵马都没有用了!"楚王自知理亏,又怕毛遂真的动武,一时无言对答。毛遂继续进逼说:"其实,楚国有五千里辽阔的土地,几十万雄师,这么强大的国家,为什么要害怕秦国呢?大王不同意楚赵联盟,难道要等秦国逐个击破,坐以待毙吗?"楚王听了连连点头,答应与赵国订盟,出兵解赵国之围。

这就是毛遂自荐的故事。他用他的自信与雄辩,最终促成了楚赵联盟,成了千古佳话。人生中的坚忍、进取、勇敢、耐心、恒心、克服困难、战胜危险等许多美德,都源于自信。英雄豪杰之所以成为英雄豪杰,就在于他们相信自己的能力,相信自己能超越别人、战胜别人,从而自强不息、奋斗不止、勤奋不辍。德莱顿说:"信心可以使一个人征服他相信可以征服的东西。"自信是承担大任的第一个条件。只有非常的自信,才能成就非常的事业。对事业充满自信而永远不屈服,便永远没有所谓的失败。

卡耐基在实践了一段时间推销教学课程的工作后,想再找一份推销员的工作。他换上崭新的衬衫,认真地打好领结,把皮夹克刷得干干净净,擦亮皮鞋,信心十足地走进了阿摩尔总公司的办事处。

阿摩尔公司的总裁洛佛斯·海瑞斯是一个典型的美国西部老头,行动迟缓,似乎与做事喜欢雷厉风行、干净利落的卡耐基格格不入,但他在工作时所表现出来的认真精神却让卡耐基钦佩不已。"年轻人,我不管你以前做过哪些工作,但在我这里你还没有开始,所以你必须接受一个月的职前训练。"海瑞斯两道深邃的目光审视地看了他一眼,他对这个精神抖擞的年轻人印象不错。

"但是先生……"

"没有但是,从明天起你的周薪水是十七元三十一分,开始推销时外加食宿及旅费。"海瑞斯以不容置疑的口吻显示出认真工作时的非凡魄力。

"抱歉,先生,我宁愿另寻他处。"卡耐基尽管急需一份工作,但年轻人的血气方刚让他难以容忍海瑞斯这种独断专行的指令方式。他一边说着话,一边转身准备离开办事处。

"等等,年轻人!"也不知是出于何故,海瑞斯站起来挽留卡耐基。凭直觉,他感到这个年轻人一定能成长为一名出色的推销员,于是又语气温和地说:

"年轻人。不,卡耐基先生,我不得不告诉你,通常在我公司的求职者只能按我的旨意行事,但这次我破例,愿意先听一下你的意见。坐下来谈吧。"

此时,卡耐基突然觉得自己刚才有些无礼,冲撞了好心的海瑞斯。实际上,每周十七元三十一分再外加食宿旅费的薪资是相当不错的待遇了。

第五章　主宰自己,成功的彼岸不再遥远

卡耐基解释了他离开的原因，一个月的职前培训不符合他的工作风格，他希望能立即投入工作，不想耽误一分钟。

海瑞斯听完卡耐基的解释，一丝钦佩之情油然而生，从心底里感到这个青年人有些与众不同。

海瑞斯犹豫了一会儿，反复考虑着卡耐基诚恳的建议，最后提起笔，迅速写下一行连体字，递给卡耐基："戴尔·卡耐基，南达克达区西部。"

这意味着，卡耐基凭借自身的自信说服了海瑞斯，找到了工作。

由此可见，自信是一股多么强大的力量，他不需要你多费唇舌、吐沫横飞地说自己多么好、多么有经验就可以说服对方，让对方相信，你可以做到。

人在成长过程中，应该不断发掘出自己的特长，通过不同的尝试和创造，去了解自己的才华和能力，再透过能力与才华的认同，建立起自己的自信心。一个完全没有自信心的人，是不敢去尝试做任何事的，因为他们惧怕失败。

但自信心十足的人，却可以跨越失败，走向新的成功。因此，经常可以看到这样有趣的现象：一些人屡战屡败，屡败屡战；而另外一些人却是跌倒后便一蹶不振，自信心荡然无存，破罐子破摔，再也爬不起来。

有人说，信心是成功的一半；还有人说，信心使不可能成为可能，使可能成为现实。信心可以让人从平凡走向辉煌，当我们满怀信心地对自己说：我一定能成功。这时，加上我们的努力，成功便指日可待了。

人类历史上的各种杰出人物，并非个个都是"天才"，而是因为他们能在正确认识自己的基础上产生自信心。正是这种坚强的信心，使他们不畏艰难险阻，在任何情况下，都能使自身处于一种最佳状态，把全部的能量都发挥出来。

乔·吉拉德是汽车销售吉斯尼冠军，是世界上最伟大的销售员，他连续12年荣登世界吉斯尼记录大全世界销售第一的宝座，连续15年成为世界上售出新汽车最多的人，其中6年平均每年售出汽车1300辆。

35岁以前，乔·吉拉德是个全盘的失败者，他患有相当严重的口吃，换过40多个工作仍一事无成，甚至曾经当过小偷，开过赌场。然而，就是这样一个谁都不看好，而且背了一身债务几乎走投无路的人，竟然能够在短短3年内爬上世界第一的位置，并被吉尼斯世界纪录称为"世界上最伟大的推销员"。

他是怎样做到的呢？销售是需要智慧和策略的事业。但在我们看来，信心和执着最重要，因为按照预测推断没人会想到乔·吉拉

德后来的辉煌！

由此可以推断，如果你的出身比乔·吉拉德强，没有偷过东西，如果你不口吃，那你就没有理由不成功，除非你对自己没有信心，除非你没有真正地努力过，奋斗过！

如果我们能正确认识自己，并且能充分发挥自己的才智，那么每个人都可能成为"天才"。如果乔·吉拉德对自己丧失自信心，他就丧失了重生的机会，永不可能翻身。那么他的人生就彻底完了。因为，一个人对自己的能力都没有起码的信心，又怎么会有人愿意把机会交给他呢？

生活中，自信最大的敌人，就是我们的自卑感，它是一种消极的自我评价或自我意识，即个体认为自己在某些方面不如他人而产生的消极情感。自卑的人总认为自己事事不如人，自惭形秽，丧失信心，进而悲观失望，不思进取。

自卑源自于自我评价过低，或者太介意外界对自己的负面评价，源自没有正确地定位自己的人生坐标。内心的自卑，对于一个人的成长和发展有着很大的影响，所以，人不要被自卑打垮，而是要超越自卑。自卑的反义词是自信。自卑的人，自己看不起自己；自信的人，自己相信自己。自信是一种感觉，有了这种感觉，人们才能怀着坚定的信心和希望，开始伟大而又光荣的事业。 面对人生，自信的人说：我能成为理想中那样的人，我要掌握自己的命运。自卑的人会说：我不能成为自己想成为的那样的人，我只能随波逐流，被外力摆布。

唐拉德·希尔顿曾说，许多人一事无成，就是因为他们低估了自己的能力，妄自菲薄，以至于缩小了自己的成就。被自卑所控制，其精神生活将会受到严重的束缚，聪明才智和创造力也会因此受到影响而无法正常发挥作用。

只有那些对自己充满信心的人，才敢于对各种人生险境进行挑战。而在心中燃烧自信火花的秘诀，在于"仔细观察你的潜能所在，然后慢慢地在那个领域里求索"。

比如，古代希腊的代蒙斯赛因斯，小时候患有口吃，可他迎难而上，刻苦练习，最后成了著名的演说家；美国的罗斯福总统，患有小儿麻痹症，但他没有因此放弃自己，最终成为美国总统；尼采身体羸弱，却专心研究哲学，成为一代大哲学家。

这些伟大的人能克服自卑，充满自信，所以最终获得成功。

有时候阻碍我们前行的，既不是缺乏实力，也不是那些所谓的条条款款，而是我们自己的信心。信心的力量是无穷的。可是，仍有许多人受着信心不足的折磨。找到自己信心不足的原因，对症下药，扩展并丰富自己的经验、知识能力等等，尤其是提高综合能力素质水平，是培养和训练自信心的关键。

请记住：拿起自信这件武器！即使你是一只猫，必要时也要将自己当作一头狮子！这就是我们要的自信！在生活中以平和的心态对待周围的人和事情，我们的理想就有可能实现，我们就有可能获得真正的幸福生活。

用自己的信念，
感染你的世界

　　成大事者都有一个最基本的人生态度，即把双脚抬起来，站在信念的平台上。一个有信念者开发出的力量，大于99个只有兴趣者。不仅如此，一个有信念的人，还可以感染身边99个以上的伙伴。

　　海伦·凯勒是全世界众所周知的令人敬佩的人，也是一个非常成功的人，她是19世纪美国著名的盲聋女作家、教育家、慈善家、社会活动家。面对生理上的不幸和生存上的考验，她站在信念的平台上，最终成就了自己，同时也成了世人敬仰的对象。

海伦刚出生时,也是个正常的孩子,能看、能听,也像同龄的小孩那样牙牙学语。可是,在她19个月大的时候,一场急性脑炎夺去了海伦的听觉和视觉。生理的剧变,使小海伦的性情也发生了很大的变化。稍有不顺她心的事,她便会乱扔乱摔,或者野蛮地用双手抓食物塞入口里;若有人试图去阻止纠正她,她就会在地上打滚、乱嚷乱叫,简直是个十足的"小暴君"。父母实在拿她没办法,在绝望之余,只好将她送至波士顿的一所盲人学校,特别聘请了一位老师照顾她。

所幸的是,小海伦在人生起步的黑暗中遇到了一位伟大的光明天使——安妮·沙莉文女士。从此,沙莉文女士与这个蒙受三重痛苦的姑娘之间的斗争就开始了。洗脸、梳头、用刀叉吃饭都必须一边和她"格斗"一边教她。固执己见的海伦起初总会以哭喊、怪叫等方式全力反抗着沙莉文女士。然而最终,沙莉文女士以坚定的信心和爱心与海伦建立起了和谐的沟通。沙莉文女士用她特有的方式将无比的爱心与惊人的信心灌入小海伦的身体内,就这样两人手挽手,心连心,用爱心和信心作为"药方",经过一段异常折磨人的挣扎与磨合,她终于唤醒了海伦那沉睡的意识。一个既聋又哑又盲的少女,初次领悟到语言的喜悦时,那种令人感动与振奋的情景,实在难以用语言来描述。海伦曾写道:"在我初次领悟到语言存在的那天晚上,我躺在床上,兴奋不已,那是我第一次希望天亮——我想再没其他人,可以感觉到我当时的喜悦吧。"

在沙莉文女士的帮助下,海伦凭着触觉用指尖去代替眼和耳学会了与外界的交流和沟通。20岁的小姑娘就掌握了指语法、凸字及发声等方法,并通过这些方式阅读了大量的书籍,获得了超过常人的知识量,并进入了哈佛大学拉德克利夫学院学习。4年后,她作为世界上第一个受到大学教育的盲聋哑人,以优异的成绩从哈佛大学毕业。接着海伦编著出版了7部图书,这个克服了常人无法克服的困难的聋哑人,创造了奇迹,战胜了人的自身局限,其事迹引起了全世界的关注。她大学毕业那年,人们在圣路易博览会上设立了"海伦·凯勒日"。她始终对生命充满信心,充满热忱。她喜欢游泳、划船以及在森林中骑马;她喜欢下棋和用扑克牌算命,在下雨的日子,就以编织来消磨时间。

海伦·凯勒,身为一个三重残疾人,凭着她那坚定的信念,战胜自己,体现了自身成大事者的价值。她虽然没有成为富人,也没有成为政界伟人,但是,她所获得的成就比富人、政客更大。第二次世界大战后,她在欧洲、亚洲、非洲各地巡回演讲,唤起了社会大众对身体残疾者的关注,被《大英百科全书》称颂为有史以来残疾人士最有成就的由弱而成大事者。美国作家马克·吐温评价说:"19世纪中,最值得一提的人物是拿破仑和海伦·凯勒。"

我们要学习海伦的坚强,要学习所具有的坚定不移的信念,要充分肯定自己,你认为自己是怎样的人就会有怎样的表现,这两者是一致的。如果你认为自己是个有价值的人,那你就会朝这个方向去努力,结果你就会变成个有价值的人,做有价值的事。

乔爱斯博士是一位很有名的作家与心理学家。他说:"一个人的自我观念和信念是人格力量的核心,它会影响人的行为,例如学习、成长与变化的能力,选择朋友、配偶与职业等等。坚强积极的自我形象,是成功的最坚实的基础。"

他还说:"虽然命运和我开了个天大的玩笑,比如遭遇车祸受伤,比如高考失误让我有坠入谷底的痛楚……但玩笑之后,我懂得珍惜青春与生命,学会笑对人生中的不幸与苦难。无论多少压力冲向自己,我都时时告诫自己:'不能够停止飞翔,在飞行的过程中,我要渐渐学会喙自己的羽毛,用舌舔自己的伤口。'

如果你希望自己变得能更令自己满意,那么你就要经常想:我是最棒的!我是最好的!当你脑海中重复想象最满意的自己时,你可以看到画面,听到声音。总有一天你就会发现,自己真的变成了自己所期待的那样优秀、那样令自己满意。因为你的思想坚持,你的行为就会坚持,你的思想改变,你的行为就会跟着改变!

只要你认准了路,确立好人生目标,然后向着目标,心无旁骛地前进,相信你一定会到达成功的彼岸。

当然,在通往成功的道路上,不要幻想事情总是那么圆满,也不要幻想在生活的四季中永远都是春天,每个人的一生都注定要跋涉沟沟坎坎,品尝苦涩与无奈,经历挫折与失意,但这些都是我们的财富,它们会帮助我们成长,会让我们变得更加坚强,更加勇敢,更加自信,更有勇气面对未来。

1996年,李东华获得了体操鞍马冠军,当时他是代表瑞士参加亚特兰大奥运会的。这让瑞士人万分欣喜,因为这是他们45年来首次获得世界体操冠军,他们把李东华尊称为"英雄"。事实上,英雄的背后有血也有泪,李东华这一路走来,所经历的艰辛与困苦只有他自己最能体会,只是他站在了信念的平台上,战胜了自己,一路坚持地走了下来。

李东华是四川人,16岁进入中国国家体操队。在1984年一次训练中,受伤严重,被摘除了脾脏和肾脏;1986年,李东华的双脚跟腱在比赛中又同时断裂;1988年的一次训练中,厄运再次降临在李东华的身上,他从双杠上失手,头触地,锁骨和脊椎严重挫伤。经历过这么多的磨难,倔强的李东华仍旧没有放弃,始终坚持训练,参加比赛。

后来,因为认识了一位瑞士姑娘,并与她喜结连理,李东华来到了瑞士。刚到瑞士时,他人生地不熟,一无所有,一切都要从零开始。

按照瑞士政府的规定,李东华必须要等待5年之后才能入籍瑞士参加国际比赛,为了维持生活,他需要同时兼好几份工,上午搬运大型汽车轮胎、洗汽车、挖马路、当油漆匠,下午和晚上坚持体操训练和学习。在自己给自己当教练的艰苦条件下,熬过了整整5年十分孤独的训练,而支持他走过这段漫漫长路的就是他从没有放弃过的冠军梦。

终于,1996年亚特兰大奥运会上,李东华以29岁的"体操高龄"圆了奥运冠军梦。李东华所创造的奇迹在奥运会历史上也是罕见的。

在获得奥运会体操冠军后,李东华的太太还为他生了一个女儿。说起妻子和孩子时,李东华十分动情,他说在最困难时,没有工作,没有收入,他还得想着练体操,妻子一直默默地支持他,整整5年,让他始终没有放弃自己的信念。

艰苦的付出为李东华赢得了荣誉和尊敬,目前他定居在卢塞恩,担任着铁力士索道总公司等多家公司的形象代表。

试想如果李东华放弃了自己的梦想,或者在5年的苦熬中,哪怕有一次动摇,都不会有今天的成就。他让我们学会了以坚强的信念做后盾，不断地奋斗，才能有精彩的人生。人生绝不是一段简单的流程，活着就意味着一次又一次重新诞生。生活无论是贫穷还是富有，无论是顺境还是逆境，都不能轻易放弃，轻易动摇自己的信念。要想让人生充满希望，让生活富有质量，你就要突破自我封闭的重围，斩断世俗禁锢的锁链，让不满的车轮辗碎平庸的陈旧观念，以战胜者的姿态走出地平线！

要知道，我们每个人初生于世间时，只是一张白纸。而后在漫漫岁月间，人们所做的一切便是尽可能地为这张白纸增添尽可能多的色彩，一幕绚丽的彩画才是我们的最圆满结局。那些饱尝世上滋味的成功者早已将他的人生画卷涂抹得色彩斑斓。让我们捧着信念将生活变得更加丰富、更加有意义、更加有价值，然后才能体验成功的喜悦。只有这样，我们才能真正体验到生活的滋味，才能真正地了解了生活。

日本帝国大饭店虽然已有百年的历史，但它仍为日本第一流的饭店。帝国大饭店的前社长，在年轻时，从日本坐了两个月的船到英国去学习"旅馆经营"，他刚到英国时，人家派他去擦玻璃，他好生气，心想："如果是擦玻璃，我不会留在日本擦吗？为什么要大老远辛苦跑来这里学擦玻璃？"他虽然接受了这个任务，但心里非常不愿意，每天都愁眉苦脸，没有一点精神。有一天，他看到一个英国小伙一边吹口哨一边擦玻璃,把玻璃擦得一尘不染,闪闪发亮,就好奇地问他:"擦玻璃有什么值得高兴的?"那个英国小伙就回答:"你看看我擦的玻璃,照亮了每一个人,而你擦的玻璃却一点都不明亮。"听完英国小伙的话,他恍然大悟:我们做任何事情只要信念不变,方向不变,然后充满热情、全心投入地干好每一件事,这样就会离目标越来越近,而且也会做得很愉快。

英国人的一句话改变了这位日本青年的一生,日后他回到日本成为帝国大饭店的社长。想想,假如当时人家叫他擦玻璃时,他说:"我不干了。"在干的途中没有因为自己的梦想而坚持下来就打包回日本,我想,那他恐怕就没有机会当上社长了。

所以我们要想成功,就要勇敢地站在信念的平台上起航。同时,信念虽然是一种无形的力量,但是却可以因为个人的行动传播给周围的人,让信念给周围的人带来温暖的光明,带来无限的力量。

把握自己的机遇，
你原本就很优秀

比尔·盖茨曾经说过："卖汉堡包并不会有损于你的尊严。你的祖父母对卖汉堡包有着不同的理解，他们称之为机遇。"米开朗琪罗在拉斐尔的工作室中的一副精巧塑像下写了这样一句话："做一个更了不起的人。"正是他这不输于人的雄心壮志使得他的人生有了不一样的结果，开出了美丽的艺术之花，令后人仰慕，这种强大的志向促使他去完成目标，实现梦想，帮助他抵抗那些在实现梦想途中的艰难困苦。

有个年轻人很想有所成就，经过多次尝试，始终没有成功，渐渐地，他失去了信心。后来有一个机会，他去拜访了一位成功的长者，痛苦地问："为什么别人努力的结果总会成功，而我努力却没有一点收获呢？"

长者微笑着，没有回答，反问了他一个无关的问题："如果我送你'芳香'两个字，你首先会想到什么？"

年轻人很不解地回答说："我会想到糕点，虽然前不久我刚开的糕点店已经关闭了，但是我仍会想到烘焙间那些芳香四溢的糕点。"

长者点了点头，然后带他拜访了一位动物学家朋友。见面后，长者问了对方一个相同的问题。

动物学家回答道："这两个字，首先使我想到眼下正在研究的课题——在大自然界，有不少奇怪的动物，利用身体散发出来的芳香做诱饵捕捉食物。"

之后，长者又带他去拜访一位画家朋友，也问了对方这么一个问题。

画家回答道："这两个字，使我联想到百花争艳的野外和翩翩起舞的少女。芳香，能够给我的创作带来灵感。"

年轻人始终不明白长者的用意，但也不好贸然开口问。

在返回途中，长者又顺便带他拜访了一位久居海外、刚刚回国探亲的富商。谈话中，长者也问了对方这么一个问题。

富商动情地说："这两个字，使我联想起故乡的土地。故乡泥土的芳香，令我魂牵梦绕。"

辞别富商之后，长者问年轻人道："现在，你已经见过不少出色的人物了。那么，他们对'芳香'的认识与你相同吗？"

年轻人摇了摇头。

长者继续问："那他们对'芳香'的认识又相同吗？"

年轻人又摇了摇头。

长者笑了，意味深长地说："其实在生活中，每个人都有与众不同的芳香，你也一样。为什么你现在做的不像别人那么出色呢？那是因为你只是在看别人如何欣赏他们的芳香，而把自己的芳香给忽视了……"

一朵最不起眼的小花，也有它的芳香，它的美丽，它的不可取代，所以，不要跟别人比，不要盲目地羡慕别人拥有的东西，学会正视自己，珍惜自己，欣赏自己身上的芳香。因为生命中你只要有一技之长，你就是优秀的。

在现实生活中，有些人总是羡慕别人，憧憬别人的财富与成功。他们总是试图表现出自身并不具备的品质，最终把自己搞得心神疲愈。其实你就是你,不是别人;你不需要成为别人,也不可能成为别人。每个人都有自己的芳香,只要做好自我就已经足够了。无论你想在哪一个领域中获得成功和自由,都必须保持自己的特色,培养自己的风格。

而且你要想成为一个有价值的人、一个可以获得成功和享受自由的强者,就必须展现出自己所特有的东西,必须发掘自己的特殊性。在当今竞争激烈的社会,不展示自己的独特性,连生存都困难,更别奢谈发展与成功了。

因此,任凭世事纷纭,你要好好把握自己,不要忽视自身的芳香,小看了自己,因为每个人都有适合自己的路。走在适合自己的道路上,人生才是有意义的。在决定成败、决定前途和命运的关键时刻,务必像雄狮和苍鹰那样独立,你的人生才能焕发出别样的美丽。

你要相信,每个人在世界上都是独一无二的,无可取代的,没有谁比谁差,每个人都具有这种与众不同的特性,既可以表现在一个人的生理素质和心理素质上,也可以表现在一个人的社会阅历和人际关系上。如果忽视或抹杀自己的特性,是永远不可能获得真正的成功和自由的。

但在我们的生活中还是可以见到这样的人:他们一生都做着一些庸庸碌碌的小事,然后一边羡慕别人,一边就满足了,但其实他们完全有能力做一些更伟大的事,但他们觉得伟大的事情不属于自己,属于那些比自己厉害的人,他们的心卑怯而胆小。

很多人没有足够的进取心来开创更好的事业,是因为他们总是对自己的期望很低,从未想过自己可以干一番伟大的事业,他们眼前短浅的生活目标限制了他们确立宏大目标的进取心。

假如人类没有创造世界和改进自身条件的意识和进取心,很难想象,世界仍将会处在多么混沌的状态啊!

与为了实现雄心壮志而进行的持续努力相比,没有什么东西可以如此地坚定我们的意志!它引导我们的思想进入了更高的境界,把更加美好的事物带进了我们的生命!

歌德说:"人的一生中最重要的就是要树立远大的目标,并且以足够的才能和坚强的忍耐力来实现它。"

有什么比追寻生命价值更高尚的理想呢?在雄心壮志的激励下,失败又算得了什么呢!

在人的一生当中,总会遇到各种困难与挫折,在这种情况下,要勇敢地对自己说声"我能行,我不比任何成功的人差,我是最优秀的"!

每个人都渴望得到成功,但是在成功路上总会充满荆棘,假若你放弃,那么你永远不会成功。只有不断地坚持,时刻鼓励自己"别人做到的我也可以",总有一天你会获得成功。

卡耐基说过:"要想成功,必须具备的条件是,用强烈的欲望激发自己,用坚强的毅力磨炼自己,并相信自己一定会成功。"永远地相信自己——这不是说说那么简单的。假若你真的做到了,那么你离成功已经不远了。

假如你追求成功的动力足够大,那么与之匹配的能力也会随之而至。假如你面前有一个十分有吸引力的目标在激励着你,那么,你一定可以变得更加敏捷,更具有创见,更加细致而勤奋,更加机智而思虑周全,而且会有更加稳健清晰的头脑,你也一定会获得更好的判断力和预见力。

"无论你拥有怎样的雄心壮志,都请你集中精力为之努力,而不要左顾右盼,意志不坚。"不要给自己留退路,一心一意为了理想而奋斗。只有集中精力才能获得自己想要的成功。

不要只是一味地关注别人,一心想要成为别人,纵观历史,不知道有多少天赋非凡的人,因为将目光放在他人身上,觉得别人才是最优秀的而逐渐遗失了自己的才华,最终一事无成,沦为追随他人的牺牲品。尼采也说过:"聪明的人只要能认识自己,便什么也不会失去。"一个人正确地认识自己,懂得欣赏自己,才能使自己充满自信。要相信自己,自己并不卑微,并不比别人差,要勇于向他人证明自己的能力。

拥有勇气去面对所有的挑战

塞万提斯说:"有了勇气便能粉碎厄运。"勇气是一种勇往直前、不畏艰难的气魄,是伟人与成功者必不可少的品质。无论是谁都可以拥有勇气,只要你能够勇于面对自己,坦然面对天地,遇事遇人不害怕,凭借自己的智慧敢于应对,能够勇于献身,你就是一个有勇气的人,而你的精神,就是勇气!

我们都知道,当羊遇上狼,羊总是处于弱势,而狼是强者,羊见到狼要么逃命,要么丧命。但是在南美洲生活的、被誉为"安第斯山脉上的动物黄金"的驼羊,却有勇气为了自己的生命、为了自己的生存权利与自己的敌人一搏。只要狼侵害自己,威胁自己的生命,驼羊就抬起头,笔直地朝敌人走过去,而这种勇气、大无畏的精神和举动却将以凶狠著称的狼镇住了,驼羊的举动完全出乎它的意料,只好灰溜溜地走开。"猫被狗逼急了,也会变成狮子。"所以,只要你有勇气,你就是生活的强者,即使是真正占有优势的强者也会为你让路。但是在生活中,有些人却总觉得自己无足轻重,这是没有勇气的表现,这样的人是不能给人留下深刻印象的。因为他们不敢做自己想做的事,不敢说自己想说的话,没有勇气表达自己的想法。他们做事时,常要求自己面面俱到,以免得罪他人。他们在开口之前,必先想方设法探听他人的意见与自己符合与否,然后才敢发表意见;结果其所发表的意见,只是人云亦云而已,这样的人怎么会给别人留下深刻的印象呢?又如何能体现出自己的与众不同,让自己处于重要的位置呢?

很多时候,成功就像攀爬铁索,失败的原因不是智商的低下,也不是力量的单薄,而是威慑于自己的无形障碍,被铁索周围的外在现象吓破了胆。假如我们有勇气做自己害怕的事,害怕就必然消失,有勇气翻越这无形的障碍,就会发现这障碍根本不存在。我们何苦要因为这不存在的障碍而限制自己前进的脚步呢?

有人曾经做过这样一个实验：他往一个玻璃杯里放进一只跳蚤，发现跳蚤立即轻易地跳了出来。再重复几遍，结果还是一样。据测试，跳蚤跳的高度一般可达它身体的400倍左右。

接下来实验者再次把这只跳蚤放进杯子里，在杯子上加一个玻璃盖，这次跳蚤还像往常一样，却"嘣"的一声，重重地撞在玻璃盖上。跳蚤虽然感觉很奇怪，不知道发生了什么，但是它仍旧那样跳下去，因为跳蚤的生活方式就是"跳"。结果一次次被撞后，跳蚤开始变得聪明起来了，它开始根据盖子的高度来调整自己跳的高度。过了一段时间，这只跳蚤再也没有撞击到这个盖子，而是在盖子下面自由地跳动。

一天后，实验者开始把这个盖子轻轻拿掉了，发现跳蚤还是在原来的这个高度继续地跳。三天后，他发现这只跳蚤还在那里跳。

一周后发现，这只可怜的跳蚤还在这个玻璃杯里不停地跳着，其实它已经无法跳出这个玻璃杯了。

在生活中，是否有很多人也在过着这样的"跳蚤人生"？年轻时意气风发，屡屡去尝试成功，但是往往事与愿违，屡屡失败。几次失败后，他们便开始抱怨这个世界的不公，开始怀疑自己的能力，他们不是千方百计去追求成功，而是一再地降低成功的标准，即使原有的一切限制已取消。就像刚才的"玻璃盖"虽然被取掉，但他们早已被撞怕了，或者已习惯了，不再跳上新的高度了。人们往往因为害怕去追求成功，而甘愿忍受失败者的生活。

难道跳蚤真的不能跳出这个杯子吗？绝对不是。只是它的心里面已经默认了这个杯子的高度是自己无法逾越的。让这只跳蚤再次跳出这个玻璃杯的方法很简单，只需拿一根小棒子突然重重地敲一下杯子；或者拿一盏酒精灯在杯底加热，当跳蚤热得受不了时，它就会"嘣"的一下，跳出来。

人有些时候也是这样。很多人不敢去追求成功，不是追求不到成功，而是因为他们的心里面也默认了一个"高度"，这个高度往往暗示自己的潜意识：成功是不可能的，这是没有办法做到的。

"心理高度"是人无法取得成就的根本原因之一，而勇气是跨越这个心理障碍的最佳选择。

要不要跳？能不能跳出这个高度？能有多大的成功？这一切问题的答案，并不需要等到事实结果的出现，而只要看看一开始每个人对这些问题是怎样思考的，就已经知道答案了。

有人问英国戏剧大师萧伯纳："为什么你讲话那么有吸引力？"萧伯纳答道："试出来的，就像学滑冰一样，开始时，笨头笨脑，像个大傻瓜，后来试的次数多了，就熟练了。"只要你敢于尝试、不怕失败，你就能跨越障碍。即使你觉得自己没有勇气，那你也不妨让自己硬着头皮去做，多尝试几次，你会忽然发现，勇气已经不知不觉中随你而至，所以不要轻易给自己冠一顶"我不行、我害怕"等等头衔的帽子，将自己局限于这顶帽子下，痛苦前行。勇气是上天赋予每个人的礼物，有人之所以觉得自己没有，是因为还没有遇到需要拿出勇气的事情或者是被自己压在内心的最底层，使它不得见天日，而那些表现出来的有勇气的伟人、成功的人，只不过是较早一步很好地利用了自己天生就拥有的财富，为自己开创未来而已。

富兰克林在印刷所给他哥哥当学徒的时候，因为他的哥哥不喜欢他，所以他常常以化名向哥哥主办的地方报纸《新英格兰报》投稿。他知道，如果以真实姓名投稿，哥哥一定不会采纳他的稿件。因此富兰克林想到了这样的办法，他用伪装的笔迹誊写稿件，连夜把它塞进印刷所的大门。第二天，当他哥哥和其他人在车间里看到稿子称赞不已、纷纷猜测作者是哪一位高人时，富兰克林就在旁边一边干活，一边偷着乐。直到有一天真相大白后，大家有些不敢相信是他写的，都对他另眼相看。但糟糕的是，他哥哥却更不喜欢他了，有时甚至因为一些小事对他拳打脚踢。于是富兰克林决定离开哥哥的印刷所，重新去找新的出路。

但是为了阻止他离开，哥哥向全城的每一家印刷所的老板打招呼，让他们不要雇用富兰克林。但他低估了弟弟的勇气。富兰克林一个人跑到了费城,这年他才17岁。像所有离家出走的少年那样,他经历了长途跋涉、劳累、饥饿、寒冷、人情冷暖、种种希望和挫折,最后找到了工作。在费城,他给别人打了几年工,凭借自己过硬的技术和几年资金的积累,他最终有了属于自己的印刷所,而且富兰克林的印刷业务,渐渐扩大到邻近几个州和西印度群岛,他成了北美印刷出版行业的佼佼者。

因此,只要自己不放弃自己,无论他人如何否定我们,我们仍有很多事情可以做。只要你有勇气,他人的阻挠,反而会是你前进的动力。但是,如果你被他人的态度、话语所影响、控制,这种影响就会变成心理上的无形障碍,会使人情绪萎靡,自信心丧失,久而久之,人会变得这也不敢干,那也不敢做,无形中就把自己归类到那些"注定"不会成功的人里边去了。

怕了一辈子鬼的人,一辈子也没见过鬼,恐惧的原因是自己吓唬自己。世上没有什么事能真正让人恐惧,恐惧只不过是人心中的一种无形障碍罢了。不少人碰到棘手的问题时,习惯设想出许多莫须有的困难,这自然就产生了恐惧感,遇事你只要大着胆子去干,就会发现事情并没有自己想象的那么可怕。

一个人遇上害怕的事,只要敢于试一试,就会觉得并没有什么。每当你发现自己总是在回避你害怕做的事时,你还可以问问自己:"如果我真的去试，最坏的结果会是怎样？"最坏的结果，绝不会比你想象的更可怕。

有位推销员因为常被客户拒之门外，慢慢患上了"敲门恐惧症"。他去请教一位大师，大师弄清他恐惧的原因后便说："你现在假如站在即将拜访的客户门外，然后我向你提几个问题。"

推销员说："请大师问吧！"

大师问："请问，你现在位于何处？"

推销员说："我正站在客户家门外。"

大师问："那么，你想到哪里去呢？"

推销员答："我想进入客户的家中。"

大师问："当你进入客户的家之后，你想想，最坏的情况会是怎样的？"

推销员答："大概是被客户赶出来。"

大师问："被赶出来后，你又会站在哪里呢？"

推销员答："就——还是站在客户家的门外啊！"

大师说："很好，那不就是你此刻所站的位置吗？最坏的结果，不过是回到原处，又有什么好恐惧的呢？"

推销员听了大师的话，惊喜地发现，原来敲门根本不像他所想象的那么可怕。从这以后，当他来到客户门口时，再也不害怕了。

他对自己说:"让我再试试,说不定还能获得成功,即使不成功,也不要紧,我还能从中获得一次宝贵的经验。最坏最坏的结果就是回到原处,对我没有任何损失。"这位推销员终于战胜了"敲门恐惧症"。由于克服了恐惧,他当年的推销成绩十分突出,被评为全行业的"优秀推销员"。

"让我再试一试",是成功者的必由之路。要试出好的结果,就必须要有十二分的勇气,无所畏惧,而且全身心地表现出来。

人身上的潜能是无穷无尽的,为什么绝大部分却处于休眠状态?主要是受心理上无形障碍的影响和阻碍。假如你想充分发挥你自己身上的潜能,想知道自己能胜任什么事,那就从现在开始,把你身上的无形障碍,也就是你害怕做的事,一项一项排排队,写在日记里,由易到难订个跨越计划。然后从第一件害怕做的事做起,直到不惧怕为止。这样每完成一项,你就跨越一个心理障碍,解去一根捆绑自己心灵的绳索,消除一次"我从未做过"的念头,擦去一个"我不敢做"的想法。

俄国作家契诃夫说得好:"有大狗,也有小狗。小狗不该因为大狗的存在而心慌意乱。所有的狗都应当叫,就让它们各自用自己的声音叫好了。"小狗所要做的很简单,只要它有勇气,就可以与大狗并肩而叫,发出属于自己的声音。

我们也一样,不应该因为其他人在某方面比自己强就不敢前进,这就要求我们无论做什么都不要害怕失败。

失败是人生的熔炉,它可以把人烤死,也可以使人变得坚强、自信。如果你曾经在失败面前昂首挺胸,当在你年迈时,你也可以像欧玛·贝庞一样自豪地对自己的子孙后代说:"我将失败战胜了!"

我们在失败时一定要昂首挺胸,同时也要学会主动与他人交往。遇到挫折便气馁的人,常常垂头是失败的表现,是没有力量的表现,是丧失信心的表现。成功的人,得意的人,获得胜利的人总是昂首挺胸、意气风发。昂首挺胸是富有力量的表现,是自信的表现。凡是真正大的智慧,往往源于失败的教训。古今中外,大多数成功者都经历过失败,可贵的是他们的勇气。马克·吐温经商失意,弃商从文,结果一举成名。因为他曾经微笑面对过失败。

巴尔扎克说:"世界上的事情永远不是绝对的,结果因人而异,苦难对于天才是一块垫脚石,对能干的人是一笔财富,对于弱者是一个万丈深渊。"只要在失败中吸取经验教训,体会方法,思考原因,这样,我们才会变得成熟,才会成功。

我们要有勇气去面对生活中的种种挑战,面对失败我们昂首挺胸,我们勇敢地走自己的路,这才是好样的。

成功的天平上,
不能少了积极做砝码

积极主动地去做事、去把握机会,是一个人良好心理状态的最佳反映,能主动积极地去做事,表明他的内心是掌握主动权的,是明白自己需要什么、该怎么去做的。而拥有这样状态的人,往往更容易获得成功。而积极主动也是我们克服胆怯、扭转局势的强有力的武器。也许我们都听过这样一个故事:

两个皮鞋推销员去非洲推销皮鞋。等他们到了那里以后,才发现由于非洲天气炎热,非洲人向来喜欢光脚走路,没有人喜欢穿鞋。

第一个推销员看到非洲人都不穿鞋，立即失望起来："这些人都光着脚，他们怎么会买我的皮鞋呢？"于是放弃努力，空手而归，没能完成任务。

另一个推销员看到非洲人都光着脚，非常开心，好像发现了新大陆："这些人都没有皮鞋穿，这里的皮鞋市场大得很呢！"于是想方设法，讲述穿皮鞋的好处，引导非洲人购买皮鞋，结果发了大财。

从这个故事可以看出，积极主动的人能成就自我，一念之差导致天壤之别。积极主动与消极被动使两个人产生了截然相反的决定，必将产生两种差别巨大的结果，即主动做事往往成就巨大的成功，而消极对待只会走向失败。

有心理学家曾对1000名创业成功者进行了调查研究，归纳出这些成功者走向成功的几个因素，这些因素都可以归纳为：他们都具有积极的心态，能够主动抓住机遇，并一直保持积极的自我意识、自我评价、自我控制以及自我期待。无数成功人士的成功经验表明，被动地等待机会只会被机会抛弃，只有主动争取，才能不断把握住机会，一步步走向成功，进而成为一个强者。

道尼斯先生是一家进出口公司的职员，他进入这家公司的时间不长，但是晋升速度之快，让周围的人都惊诧不已。

一天，道尼斯先生的一位知心好友怀着强烈的好奇心问他为什么会晋升得这么快呢？道尼斯先生听后无所谓地耸耸肩，含笑答道："这个嘛，其实也没有什么特别的原因，只是我做得比别人多点。当我刚开始去杜兰特先生的公司工作时，我就发现，到了下班时间所有人都回家了，只有杜兰特先生依然留在办公室里工作，而且一直待到很晚。

"另外，我还发现，这段时间内，杜兰特先生经常找一个人帮他把公文包拿来，或是替他做重要的服务。

"于是，下班后我也不回家，待在办公室内继续工作。虽然没有人要求我留下来，但我认为应该这样做。如果需要，我可以为杜兰特先生提供任何他所需要的帮助。

"就这样，时间久了，杜兰特先生就养成了呼叫我的习惯，并对我积极主动的工作留下了良好的印象。这就是我晋升的原因。"

许多著名的大公司认为，一个优秀的工作者所表现出来的主动性，不仅仅是能够坚持自己的想法或项目，并主动地完成它，还应该主动承担自己工作以外的责任。只有承担更多责任，才能及时捕捉到一些未曾发现的机会，并紧紧把握住。只有积极主动承担责任才会得到更多被重用和提拔的机会，而遇事畏缩、凡事等待，从一开始就注定了失败。而我们要了解一个人的内心是否强大，就可以从这些日常的生活工作中看出来。也许你会羡慕那些在工作中总是春风满面的人，同事都喜欢与他接触沟通，领导喜欢与他探讨工作，生活中朋友总是围着他，有事总喜欢与他分享，那么你有没有观察过他们拥有怎样的行为特点呢？下面的故事就能很好地解答这个问题。

亨利和莱恩是同时进入这家公司的工程师，由于他们是新人，所以公司安排他们头6个月早上听课，下午完成工作任务。亨利每天下午都把自己关在办公室里，阅读技术文件，学习一些日后工作中可能用得着的软件程序，埋头苦干，当有的同事因手头忙碌请他暂时帮会儿忙时，都被他拒绝了。他认为，自己最关键的任务就是努力提高自己的技术能力，并向同事及老板证明自己的技术能力是如何出色，不能因为别的事情分了心，浪费了时间。

而莱恩除了每天下午花3个小时看资料外，就把剩余的时间都花在向同事们介绍自己并询问与他们项目有关的一些问题上了。当看到同事们遇到问题或忙不过来时，她就会主动去帮忙。当时，所有办公室的PC都要安装一种新的软件工具，大家都不愿去干这件事，希望能跳过这种耗时的、琐碎的安装过程。由于莱恩懂得如何安装，她便自愿为所有机器安装这个工具，而且为了不影响大家的正常工作，她每天不得不早出晚归，在非工作时间给大家安装。包括亨利在内的部分同事认为莱恩像傻瓜一样，真是闲着没事干。但实际上，莱恩不仅在实践中提高了自己的技术能力，还拓展了自己的人脉，他们的上司也把这些都看在眼里。

6个月后，亨利和莱恩都顺利地完成了工作。他们的两个项目从技术上讲完成得都不错，亨利还稍显优势。但是经理却认为莱恩表现得更出色，并在公司高层管理人员会议上表扬了莱恩。亨利听说后，一时想不开，就去经理办公室问经理，为什么受到表扬的是莱恩而不是自己。

经理说："因为我所看到的莱恩是一个有主动性的工程师，善于为别人提供帮助，能够承担自己工作以外的责任，愿意承担一些个人风险为同事和集体做更多的事情。那么你做到了吗？"亨利禁不住红了脸，低下了头。

我们作为一个社会人，一定要养成主动做事的习惯，这是锻炼自我、成就自我很不错的方法；同时也是扩展自己的人脉、扩大自己的影响力的方法。只有这样积极主动地做事，我们才能逐渐强大，进而一步一步叩开成功的大门。我们千万不要消极地等待运气，等着天上掉下馅饼来。何况，如果你只是一味地等待，即使天上能掉下馅饼来，你也抢不到。

我们每一个人都需要在步入社会的第一天就培养自己积极主动

的心态，这样才会使自己在以后的生活中始终占据主动地位。那么如何才能逐渐培养自己积极主动的心态呢？这里有几条简单可行又有效的方法，只要我们坚持就一定会见效，那时，你会看到一个不一样的自己，你会在同事、朋友中发现一个不一样的自己。

首先，每天确定一项明确的任务，可以是工作上的，可以是提高自我能力上的，然后把确定的任务或事情用大大的字体写在办公桌上的台历的醒目位置或者是屋子的醒目位置，这样你一抬头就能看见。甚至可以把确定的任务或事情告诉你的同事或朋友，让他们提醒你。这种方法往往很有效，因为人都是有自尊的，当你的亲人或朋友询问你的工作任务完成得怎样时，即使你忘记了或者进展缓慢，你也会积极主动地抓紧时间去做。这样还可以不断地加强自己的执行力。

其次，每天至少做一件对他人有价值的事情，不要在乎是否有报酬。比如，帮同事查查资料，但不要期望同事会给你什么回报；或者给予身边的人他们所需要的帮助。

再次，日清日毕，当天的事情当天完成，不留尾巴。否则，事情越拖越多，压力既大，又挫伤了积极完成任务的信心，还会影响完成事情的质量。长此以往，你将陷入被动做事的怪圈，你为培养积极主动所做的努力也会付之东流。

最后，每天告诉别人养成积极主动习惯的意义，至少告诉一个人以上。你若能坚持做到这一点，你就成了为"积极主动做事"信念的传播者，你的心态必会得到一种质的提升，支持着你的行动向积极主动转变。相信你很快就会养成积极主动的好习惯，一旦有机会出现，你一定会牢牢抓住，成就自我。

成功没有"外挂"
一切都要靠自己

每个人都渴望成功,但是通往成功的路通常只能一步一个脚印地走下去,最后才能真正实现自己的目标。但是通往成功的路,其实到处都是绊脚石,这些绊脚石是哪里来的呢?答案很简单,除了外部障碍以外,其中绝大部分是源于我们自己。

下面我们就来看看这些摆在我们面前,却是我们自己设置的障碍。由于成功不是游戏,没有辅助我们顺利通关的"外挂",所以我们必须战胜这些障碍,也就是打败我们自己心中的弱点。

首先我们来看我们内心的头号宿敌，那就是依赖。

依赖心理是一剂毒药，是阻碍一个人自立自强的最大绊脚石。有些人之所以会时时处处想着依赖别人，原因有两个：一是源于自信心不足，在困难面前，总觉得自己干不了，无法克服，稍微挣扎一下或立马就去寻求别人的帮助。久而久之，就养成了习惯，明明一些事情自己能轻松解决，却觉得自己做不好，认为求人帮助会更好，最后导致自信心的丧失。二是源于自身的惰性。做事情不想出力流汗，总想以较小的代价，甚至不付出任何代价就把事情做好，一遇到困难，想都不想就去寻找他人帮助。时间久了，就将自己变成了一个平庸的人，将自己的命运交到了别人的手中。

生活在当今这个竞争激烈的社会里，面对压力，有些人失去了信心，有些人无所适从，把希望寄托于别人的帮助和支持上，他们以为别人能帮助自己解决困难，自己就可以避重就轻，由此养成了依赖的心理。

殊不知，只有不怕困难、挫折，才有希望。没有挫折就没法磨炼意志；没有困难就没法锻炼毅力；没有失败的痛苦就不会有成功的喜悦。无论什么时候都要保持一颗平常心，理智客观地去看问题、思考问题、处理问题。无论多么困难，心里的希望之火也不能熄灭，要知道最困难的时候就是最有希望的时候，最黑暗的时刻就是黎明之前，不要靠天，不要靠地，要靠自己的意志。

有一天，某人在屋檐下躲雨，忽然看见观音正撑伞走过。这人就对观音说："观音菩萨，普度一下众生吧，带我一段如何？"

观音说："现在我在雨里，你在檐下，而檐下无雨，你不需要我度。"这人立刻跳出檐下，站在雨中："现在我也在雨中了，该度我了吧？"观音说："你在雨中，我也在雨中，我不被淋，因为有伞，你被雨淋，因为无伞。所以不是我度自己，而是伞度我。你要想度，不必找我，请自找伞去！"说完便走了。

又过了一段时间，这人遇到了难事，便去寺庙里拜观音求菩萨。走进庙里，看到观音的像前已经有一个人在拜，奇怪的是那个人长得和观音一模一样，丝毫不差。

这人很惊诧，问那个人："你是观音吗？"

那个人答道："我正是观音。"

这人又问："那你为何还拜自己？"

观音笑道："我也遇到了难事，但我知道，求人不如求己。"

是的，求人不如求自己。虽然在工作或生活中寻求他人帮助并不是不可以，但也要把握一个度，在人生的起步阶段，由于自身能力不强或经验的欠缺，需要寻求他人帮助，学习他人身上优秀的品质和处理问题的思路，汲取经验，提升自身素质。但这要建立在自觉自立的基础上,当你羽翼丰满翅膀硬朗的时候,就要独立去面对问题,解决问题。也许刚开始你还不适应,畏难发愁,心里没底,但只要你有信心能够做好,然后再发挥自己的才能与智慧,就一定能解决问题。独立解决问题,不但能使你得到真正的锻炼,还能培养起强大的自信心,再遇到问题或困难,就会积极地去面对,而不是首先想寻求他人帮助!

当你相信自己并努力做时,往往能激发起身上的潜能,做出让自己感到惊讶的成绩来。而那些不自信的人,根本就认识不到自己身上的潜能,更不会去挖掘自身的潜能,只能靠求助于他人浑浑噩噩度日,永远不会成功。很多人都有一种依赖他人的心理,其实只要加把劲,凭自己的能力也能把问题解决,可如果总想着去求人,往往问题解决了,头脑里却没有留下什么深刻的印象,以后遇到类似的问题,还得去求人帮助。一个人应当在力所能及的条件下去帮助别人,得到帮助的人也应当积极地去克服自己的困难,无论目前的情况有多糟,都不要被困难吓倒,一定要有战胜困难的决心和信心。有些时候,真正能够拯救你的只有你自己,别人的帮助都是外因。阿基米德说:"给我一个支点,我就能够撬动地球。"如果没有主观上改变现状的愿望和行动,别人给你再多的支点,可能也无法撬动一块石头。

而且如果你依赖别人，那么你将失去自己的特色；如果你依赖别人，你就至少部分地把自己交付给了自己所依赖的人，自己就受到了他的支配，受到他的制约；如果你依赖别人，就会丧失主动进取的精神，使自己陷入了被动的境地。

所以，千万不要依赖别人，对别人寄予的希望越少，以后的失望越少。越依赖别人，越会使自己退化。

有个科学家以小白鼠为研究对象进行有关人类潜在的生命力的研究。每天一大早，他就从笼子里抓出一只白鼠，放进一个透明的玻璃水池内。然后，立即开始计时，看小白鼠能挣扎多久。

科学家在玻璃池旁观察小白鼠在水里挣扎的情况，直到那只小白鼠快要进入溺亡的危险时，才赶忙将它捞出来。第二天，他又抓起昨天那只老鼠，做同样的试验。

这样的试验进行了一星期。每天的记录显示出小白鼠挣扎时间在减少。

有一天早晨，科学家又继续他的实验。他将小白鼠丢进池中观察着，可是正在实验进行到一半的时候，电话响了，科学家便转身去接电话。电话是他非常好的一个朋友打来的，有重要的事情想请他帮忙，两人一聊起来科学家便忘记了还在池中挣扎的小白鼠。当他挂完电话转身去看池中的小白鼠时小白鼠已经浮在水面上了。

原来，每次科学家将它丢进池中，过不了多久，便会将它抓上来。连续几天，小白鼠便知道，只要自己快要沉没时都会有人来救自己，何必这么辛苦挣扎呢，最终会有一只手捞我上去的！就因为有这个依赖的想法，使它放弃了挣扎，放弃了生存的机会。

假如，你已成为一位依赖别人的人，那么，最好的救治良药就是：端正自己的心态，然后大声而坚定地告诉自己：相信自己，独立完成！

其实，摆脱依赖心理，独立地发展和锻炼自己，扔掉拐杖，走出误区，并不是一件非常困难的事情。因为别人能够做到的，我们自己也一定能够做到。

对每一个人而言，拒绝依赖他人是对自己能力的一大考验。当我们放弃依赖别人的念头，决心自强自立，从这时候开始，我们就战胜了自己，走上了成功之路。就这么顽强地向前走，百折不回，你会惊奇地发现原来你在许多方面都毫不逊色于你当初崇拜的偶像们。

生命当自主，一个总想依赖他人的人，无异于将命运交付于人，这样的人永远享受不到独立的乐趣，也将永远受制于人。

自主的人，能傲立于世，能力拔群雄，能开拓自己的天地，得到他人的认同。人类注定只有靠自己才能获得自由。勇于驾驭自己的命运，相信自己，自主地对待工作，这才是成功的意义。

自主的人才能对自己的命运、前途负起责任，尽自己应尽的义务，这也正是一个人成熟的标志。几乎每个人想要依赖别人都会寻找这样那样的借口，对于责任，谁也不想主动去承担，而对于获益颇丰的好事，邀功领赏却总抢在前面。

正如埃文斯所说，人人都应该怀有一种责任心，无论是对自己还是对他人。这是一个人成长的需要，也是不断成长的表现。这种责任心驱使你勇于承认自己的错误，而不是千方百计地找借口掩盖错误。一旦力图找借口掩盖错误，就将失去周围所有人的信任，那时你将会被孤立，被世界遗弃。想要成功的人，他们最起码会做的就是对自己的言行负责，能把握自己的行为，做自我的主宰。

世界尽头遇见自己